Mareile Heiting & Carsten Thiele

Microsoft Office im Büro

Die besten Tipps & Tricks für die Arbeit am PC

Wir hoffen, dass Sie Freude an diesem Buch haben und sich Ihre Erwartungen erfüllen. Ihre Anregungen und Kommentare sind uns jederzeit willkommen. Bitte bewerten Sie doch das Buch auf unserer Website unter **www.rheinwerk-verlag.de/feedback**.

An diesem Buch haben viele mitgewirkt, insbesondere:

Lektorat Isabella Bleissem, Erik Lipperts
Korrektorat Petra Bromand, Düsseldorf
Herstellung Janne Brönner
Typografie und Layout Christine Netzker
Illustrationen Mai Loan Nguyen Duy
Einbandgestaltung Mai Loan Nguyen Duy
Satz Janne Brönner
Druck Grafisches Centrum Cuno, Calbe

Dieses Buch wurde gesetzt aus der IPM Plex Serif (9,5 pt/14,5 pt) in Adobe InDesign.
Gedruckt wurde es auf chlorfrei gebleichtem Offsetpapier (90 g/m²).
Hergestellt in Deutschland.

Bibliografische Information der Deutschen Nationalbibliothek:
Die Deutsche Nationalbibliothek verzeichnet diese Publikation in der Deutschen Nationalbibliografie; detaillierte bibliografische Daten sind im Internet über *http://dnb.dnb.de* abrufbar.

ISBN 978-3-8421-0825-7

2. Auflage 2022

Vierfarben ist eine Marke des Rheinwerk Verlags. Der Name Vierfarben spielt an auf den Vierfarbdruck, eine Technik zur Erstellung farbiger Bücher. Der Name steht für die Kunst, die Dinge einfach zu machen, um aus dem Einfachen das Ganze lebendig zur Anschauung zu bringen.

Informationen zu unserem Verlag und Kontaktmöglichkeiten finden Sie auf unserer Verlagswebsite **www.rheinwerk-verlag.de**. Dort können Sie sich auch umfassend über unser aktuelles Programm informieren und unsere Bücher und E-Books bestellen.

Liebe Leserin, lieber Leser,

vermutlich kommt das den meisten von Ihnen bekannt vor: Das E-Mail-Postfach quillt über, die dringend benötigte Datei scheint unauffindbar, eine Excel-Tabelle zeigt merkwürdige Fehlermeldungen und will beim Ausdruck partout nicht auf das eine Blatt passen und von jetzt auf gleich müssen Logo und Kontaktdaten im Geschäftsbrief ausgetauscht werden.

Der Büroalltag bringt ständig neue Herausforderungen mit sich, Zeit aber ist Mangelware. Selbst wenn Sie schon jahrelang mit Outlook, Excel, Word und Co. arbeiten – ausgerechnet die Funktion, die Sie brauchen, ist nicht zur Hand.

Das weiß auch unser Autorenduo Mareile Heiting und Carsten Thiele. Die beiden Office-Profis kennen die immer wiederkehrenden Aufgaben und Probleme im Unternehmensalltag. Mit ihren anschaulichen Anleitungen machen sie Berufseinsteiger*innen binnen Kurzem fit für die Praxis und halten auch für gestandene Büroarbeitskräfte so manche verblüffend einfache Kniffe bereit, um künftig viel schneller, effektiver und vor allem entspannter zu arbeiten.

Dieses Buch wurde mit größter Sorgfalt geschrieben und hergestellt. Sollten Sie dennoch einmal einen Fehler finden oder inhaltliche Anregungen haben, freue ich mich, wenn Sie mit mir in Kontakt treten. Für Kritik bin ich dabei ebenso offen wie für lobende Worte. Doch nun wünsche ich Ihnen viel Erfolg bei der Umsetzung und so manches Aha-Erlebnis!

Ihr Erik Lipperts
Lektorat Vierfarben

erik.lipperts@rheinwerk-verlag.de

Inhalt

Schluss mit dem Datenchaos

So beherrschen Sie die alltägliche E-Mail-Flut

Kontaktpflege mit Outlook

Terminstress und To-do-Listen im Griff

So haben Sie Ihre Korrespondenz im Griff

Gekonnt präsentieren mit Microsoft PowerPoint

So gelingt gutes Teamwork

Mit Shortcuts Mauskilometer einsparen

Schluss mit dem Datenchaos

Digitaler Hausputz: Icons und Verknüpfungen auf dem Desktop

Der Kaffee steht bereit, der Computer ist hochgefahren – der Arbeitstag kann beginnen. Doch Hand aufs Herz: Wie lange brauchen Sie, um alle Programme, Ordner oder auch Dateien zu öffnen, die Sie für Ihre Arbeit benötigen? Reicht ein Mausklick zum Programmstart, oder müssen Sie die Software erst in den Tiefen des Startmenüs suchen? Mit den folgenden Tricks werden viele dieser ersten Arbeitsschritte zukünftig überflüssig sein.

Welche Änderungen darf ich am Firmen-PC vornehmen?

In größeren Unternehmen erhalten die Mitarbeitenden einen von der IT-Abteilung eingerichteten PC. Besonders beim Berufseinstieg fragen sich viele, welche Änderungen sie am PC vornehmen dürfen und welche nicht. Wenn es um die Software geht, müssen Sie sich normalerweise mit dem begnügen, was bereits installiert wurde. Sie können also – ohne Rücksprache mit der IT oder auch Geschäftsführung – nicht ohne Weiteres Programme hinzufügen. Auch das Deinstallieren von Programmen ist nicht erlaubt. Für das Speichern von Daten stehen meist bestimmte Netzwerklaufwerke sowie das lokale Laufwerk zur Verfügung. Während die Ordnerstruktur in den Netzwerklaufwerken häufig fest vorgegeben ist, dürfen Sie die Verzeichnisse auf Ihrem lokalen Laufwerk selbst festlegen. Freie Hand haben Sie auch bei der Gestaltung der Desktop-Oberfläche und des Startmenüs. Wer in den Tiefen von Windows Änderungen an den Einstellungen vornehmen möchte, muss ebenfalls die IT-Abteilung um Unterstützung bitten.

Nach dem Hochfahren des PCs und der Anmeldung am Benutzerkonto landen Sie auf dem Desktop. Es ist immer wieder spannend, die Desktop-Oberfläche von Anwender*innen zu betrachten. Bei einigen herrscht gähnende Leere, bis auf das Papierkorbsymbol ist hier nichts zu finden.

Letzte Chance: gelöschte Elemente wiederherstellen

Auf jedem Desktop finden Sie ein Papierkorbsymbol. Sollten Sie z. B. im Explorer eine Datei oder einen Ordner versehentlich gelöscht haben, klicken Sie einfach doppelt auf das Icon, markieren das Element und stellen es wieder her. Wie im wahren Leben auch sollte der Papierkorb übrigens ab und an geleert werden. Die IT-Abteilung wird es Ihnen danken und Sie nicht mit Hinweisen wie »zu wenig Speicherplatz« nerven. Denn auch die im Papierkorb befindlichen Daten nehmen ordentlich Platz für sich in Anspruch.

Bei anderen kommt einem beim Blick auf den virtuellen Schreibtisch eher der Gedanke »wegen Überfüllung geschlossen«: Hier reiht sich ein Icon an das andere. Manche dieser Symbole wurden bereits automatisch während der Installation von Software (z. B. dem Browser Firefox) angelegt, andere wiederum von den Anwender*innen selbst. Ein Doppelklick auf eines dieser Icons reicht bekanntermaßen, und schon wird die damit verknüpfte Software, der Ordner oder auch die Datei geöffnet. Noch schneller geht es kaum. Es ist also naheliegend, die schöne große Fläche zu nutzen, um hier selbst Verknüpfungen anzulegen.

Desktop-Verknüpfungen erstellen

Tipp 001

Um für die Elemente, die Sie besonders häufig benötigen, Desktop-Icons zu erzeugen, gehen Sie folgendermaßen vor:

1. Öffnen Sie den Explorer (in älteren Windows-Versionen noch *Windows-Explorer* genannt). Am schnellsten gelingt dies mit der Tastenkombination [Windows] + [E] oder über das Symbol in der Taskleiste.
2. Navigieren Sie zu dem Ordner, in dem sich das gewünschte Element befindet. Wird es im Inhaltsbereich rechts angezeigt, klicken Sie mit der rechten Maustaste auf das Element ①.

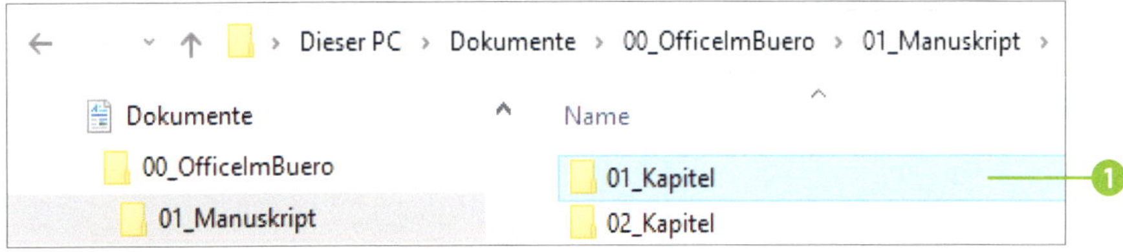

3. Wählen Sie im Kontextmenü **Senden an ► Desktop (Verknüpfung erstellen)** ②. Schon wird auf dem Desktop ein Icon für das Element hinzugefügt.

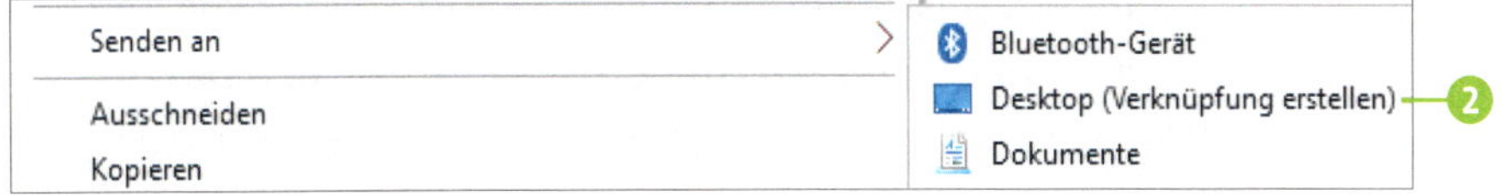

Dateispeicherort eines Programms öffnen

Tipp 002

Der gerade beschriebene Weg setzt voraus, dass Sie den Speicherort des zu verknüpfenden Elements kennen. Bei eigenen Ordnern oder Dateien ist dies sicherlich der Fall. Doch wie lässt sich eine Verknüpfung zu einer Programmdatei erstellen, deren Speicherort Ihnen nicht bekannt ist? Der Weg führt hier über das Startmenü.

1. Blenden Sie entweder mit dem Bildschirmsymbol ⊞ unten links oder mit der Taste ⊞ das Startmenü ein.
2. Blättern Sie in der App-Liste nach unten, bis das Programm, für das Sie ein Icon auf dem Desktop hinzufügen möchten, angezeigt wird (1).
3. Nach einem rechten Mausklick auf den Programmnamen wählen Sie im Kontextmenü **Mehr ▸ Dateispeicherort öffnen** (2).

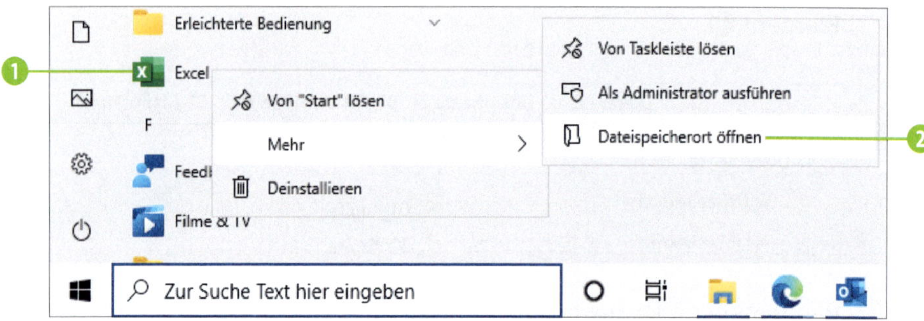

4. Es wird automatisch der Explorer gestartet, in dem bereits eine Verknüpfung zur benötigten Programmdatei markiert ist. Führen Sie jetzt Schritt 2 und 3 von Seite 15 aus, und schon ziert das Programm-Icon den Desktop.

Den Explorer unter Windows 10 individuell anpassen

Unter Windows 10 sind viele Elemente des Explorers, die man eigentlich bei der täglichen Arbeit benötigt, gut versteckt. Sollen im Navigationsbereich (also der linken Spalte des Explorers) z. B. die Bibliotheken oder auch der Papierkorb angezeigt werden, wechseln Sie in das Register **Ansicht**. Klicken Sie hier ganz links auf **Navigationsbereich**. Ist einer der vier aufgeführten Punkte (**Navigationsbereich**, **Erweitern, um Ordner zu öffnen**, **Alle Ordner anzeigen** sowie **Bibliotheken anzeigen**) noch nicht mit einem Häkchen versehen, holen Sie dies per Mausklick nach. Über den kleinen Pfeil ⌄ in der rechten oberen Ecke des Programmfensters lässt sich das Menüband permanent einblenden, sodass nicht nur die Registernamen, sondern auch all deren Befehle zu sehen sind.

Desktop-Icons positionieren

Tipp 003

Die Desktop-Oberfläche sollten Sie wirklich nur mit Verknüpfungen zu den Programmen, Ordnern und Dateien bestücken, die Sie am häufigsten nutzen, und ab und an, z. B. nach Abschluss eines Projektes, auch immer wieder einmal aufräumen. Abgesehen von einer überschaubaren Anzahl Icons lässt sich durch eine systematische Gruppierung und Anordnung der Symbole für Ordnung sorgen. Positionieren Sie z. B. alle Icons, die mit einem bestimmten Projekt zu tun haben, in der rechten oberen Bildschirmecke. Die linke Ecke bietet sich wiederum für Programme an, die Sie häufig nutzen. Sie haben hier viele Möglichkeiten, wichtig ist nur, dass Sie sich blitzschnell zurechtfinden.

Jedes Symbol lässt sich ganz einfach mit gedrückter linker Maustaste verschieben. Ist dies bei Ihnen nicht der Fall, sollten Sie kurz eine Einstellung überprüfen:

1. Klicken Sie mit der rechten Maustaste auf eine freie Fläche des Desktops. Frei bedeutet lediglich, dass sich hier kein Icon befinden darf.

2. Bewegen Sie im Kontextmenü den Mauszeiger auf **Ansicht** ①. Sollte sich im aufklappenden Untermenü vor **Symbole automatisch anordnen** ② ein Häkchen befinden, entfernen Sie dieses. Nun lassen sich die Icons frei auf dem Bildschirm positionieren.

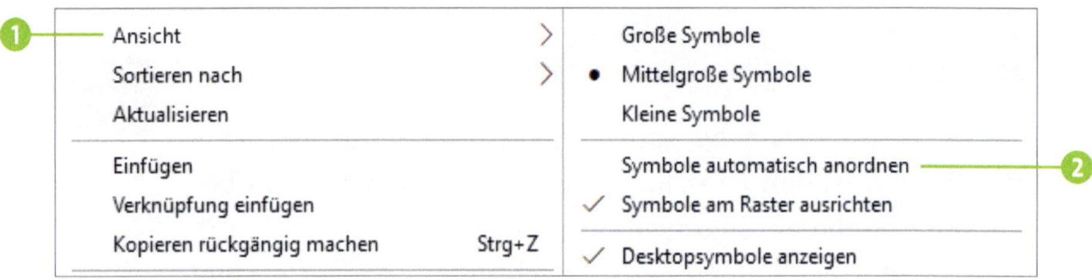

Tipp 004

Desktop-Icons löschen

Benötigen Sie Desktop-Symbole nicht mehr, sollten Sie diese wieder entfernen. Öffnen Sie mit einem Rechtsklick das Kontextmenü, und wählen Sie den Befehl **Löschen**. Da es sich hier nur um eine Verknüpfung zum eigentlichen Element handelt, wird lediglich das Symbol vom Desktop entfernt. Programme lassen sich weiterhin über das Startmenü öffnen, Dateien und Ordner erreichen Sie wie gewohnt z. B. über den Explorer.

Tipp 005

Freier Blick auf den Desktop

Eine neugierige Kundin oder ein nervender Kollege versucht, einen Blick auf die geöffneten Programmfenster auf Ihrem Bildschirm zu erhaschen? Drücken Sie gleichzeitig die beiden Tasten [Win] + [D], werden die Fenster ausgeblendet, und es ist nur noch die Desktop-Oberfläche sichtbar. Ist die Luft wieder rein, reicht ein erneutes Drücken des Shortcuts, um die zuvor geöffneten Programmfenster wieder einzublenden.

PC sperren

Tipp 006

Wenn Sie den Raum verlassen und den PC währenddessen vor unberechtigten Zugriffen schützen möchten, drücken Sie gleichzeitig [Win] + [L]. Der Computer wird hierdurch gesperrt. Wenn Sie Ihre Arbeit wieder fortsetzen möchten, müssen Sie den Sperrbildschirm mit einer kurzen Bewegung der Maus ausblenden und sich auf dem Anmeldebildschirm wie gewohnt etwa durch Eingabe des Passworts anmelden.

Im Startmenü ausmisten und sich neu einrichten

Der klassische Weg, ein Programm zu starten, führt über das Startmenü. Sobald das Startmenü über das Windows-Symbol [Win] eingeblendet wird, geht das große Blättern in der Liste aller auf dem PC installierten Programme (auch *Applications* oder kurz *Apps* genannt) los.

Die Kacheln im Startmenü von Windows 10 stellen – ähnlich den Desktop-Icons – eine Verknüpfung zu Apps dar. Bei vielen dieser Kacheln, die hier anfangs zu sehen sind, handelt es sich um Werbungen für Spiele oder andere Apps, die Sie über den *Microsoft Store* beziehen könnten (was Sie am Arbeitsplatz aber tunlichst unterlassen sollten). Doch warum den Platz für unnütze Kacheln verschwenden, wenn sich hier auch weitaus sinnvollere Verknüpfungen ergänzen lassen. Starten Sie also die Aufräumaktion, und richten Sie sich das Startmenü nach Ihren Bedürfnissen ein.

Tipp 007

Kacheln im Startmenü entfernen

Der erste Arbeitsschritt besteht im digitalen Entrümpeln:

1. Blenden Sie das Startmenü mithilfe von ⊞ ein.
2. Klicken Sie mit der rechten Maustaste auf die Kachel, die Sie entfernen möchten ①, und wählen Sie den Befehl **Von "Start" lösen** ②.

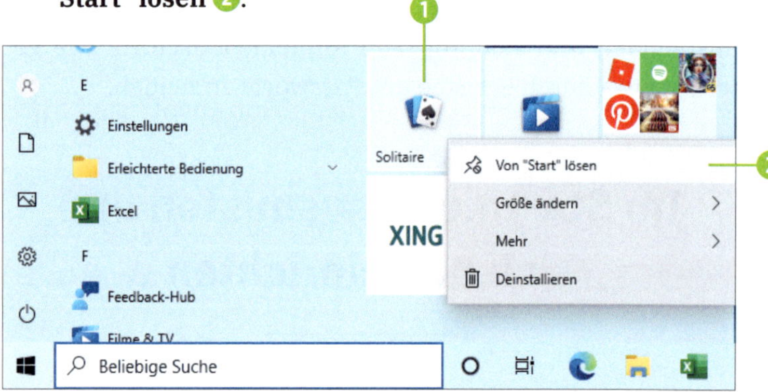

Die soeben entfernte Kachel hinterlässt eine Lücke im Startmenü, die Sie aber gleich wieder sinnvoll füllen können.

Tipp 008

Programme im Startmenü anheften

Wenn Sie z.B. für ein Programm, das Sie momentan noch über die App-Liste aufrufen müssen, eine Kachel im Startmenü anlegen möchten, gehen Sie folgendermaßen vor:

1. Blättern Sie im Startmenü in der App-Liste nach unten, bis das gewünschte Programm angezeigt wird.

2. Nach einem rechten Mausklick auf den Programmnamen ① markieren Sie **An "Start" anheften** ②. Im Kachelbereich des Startmenüs wird unterhalb der bereits vorhandenen Elemente eine Kachel für das ausgewählte Programm ergänzt.

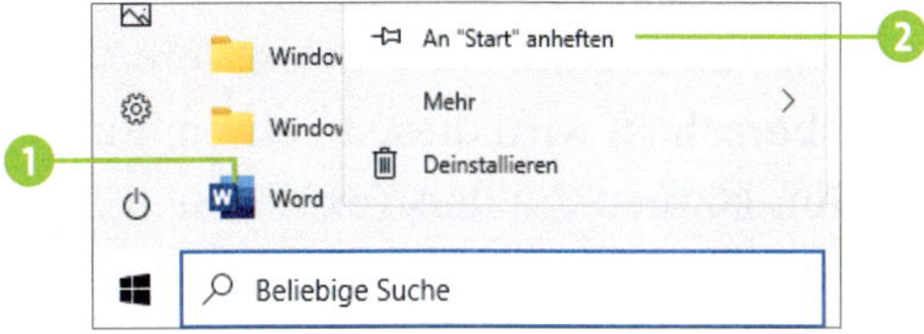

Häufig benötigte Ordner im Startmenü anheften

Tipp 009

Analog können Sie Kacheln auch für häufig benötigte Ordner hinzufügen. In diesem Fall klicken Sie im Explorer mit der rechten Maustaste auf das gewünschte Verzeichnis. Im Kontextmenü finden Sie hier nun ebenfalls den Befehl **An "Start" anheften**.

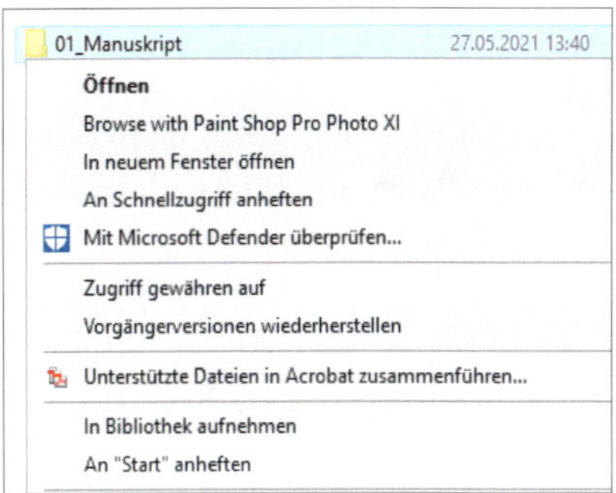

Kacheln gruppieren und Überschriften ändern

Tipp 010

Je mehr Kacheln Sie an das Startmenü heften, desto unübersichtlicher wird es. Steuern Sie am besten frühzeitig dagegen, indem Sie die Kacheln durch Verschieben mit der Maus gruppieren und diese Gruppen mit einer eigenen Überschrift versehen. Mindestens zwei Titel gibt Windows normalerweise bereits vor. Auf vielen Geräten nennen sich diese **Produktivität** ① sowie **Durchsuchen** ②, wobei die Bezeichnungen aber auch variieren können. Beide Überschriften können problemlos geändert oder auch ganz entfernt werden. Nach einem Klick auf eine Überschrift wird diese in einem Eingabefeld ② angezeigt. Nun können Sie den Text löschen oder auch überschreiben. Durch Drücken der [↵]-Taste verschwindet das Eingabefeld wieder.

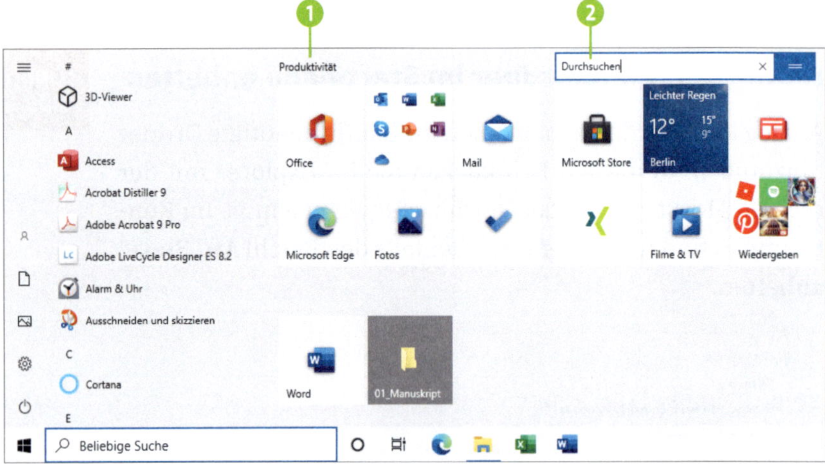

Größe des Startmenüs anpassen

Auch ein Startmenü verfügt nur über begrenzten Platz. Wenn Sie die Fläche etwas vergrößern möchten, bewegen Sie den Mauszeiger auf den oberen oder unteren rechten Rand des Startmenüs. Sobald der Zeiger die Form eines Doppelpfeils annimmt, können Sie die Fläche mit gedrückter linker Maustaste vergrößern oder natürlich auch verkleinern.

Neue Kachelgruppe benennen

Tipp 011

Bewegen Sie den Mauszeiger in den Bereich oberhalb der Kacheln, die Sie selbst hinzugefügt haben, erscheint der Text **Gruppe benennen**. Nach einem Klick hierauf geben Sie wie gerade beschrieben einen Gruppentitel ein.

Neue Gruppe durch Verschieben erzeugen

Tipp 012

Alle Kacheln lassen sich innerhalb einer Gruppe oder auch zwischen unterschiedlichen Gruppen verschieben. Natürlich können Sie auch selbst neue Gruppen erstellen, indem Sie beim Verschieben einfach für etwas mehr Abstand zu den bereits vorhandenen Gruppen sorgen. Windows 10 signalisiert Ihnen durch Einblenden eines Balkens, wenn der Abstand groß genug ist.

Das Praktische an einer solchen Gruppe: Sie können die betreffenden Kacheln durch Ziehen mit der Maus auf einen Schlag neu positionieren. Während des Verschiebens wird nur noch der Balken angezeigt, die Kacheln erscheinen erst wieder, wenn Sie die Maustaste loslassen.

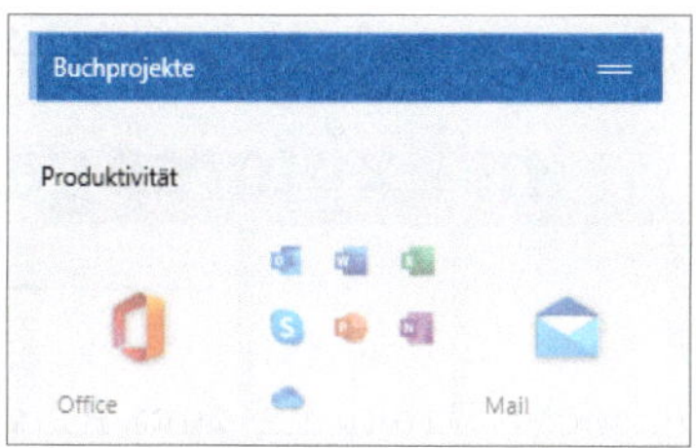

Kachelgruppen auflösen

Tipp 013

Wenn Sie eine Gruppe wieder auflösen möchten, reicht es, alle Kacheln dieser Gruppe in bereits vorhandene andere

Gruppen zu verschieben. Sobald Sie die letzte Kachel neu positionieren, wird automatisch die Gruppe gelöscht. Sollen alle Kacheln einer Gruppe gänzlich aus dem Kachelbereich des Startmenüs verschwinden, klicken Sie mit der rechten Maustaste auf die Gruppenüberschrift. Im Kontextmenü wählen Sie den Befehl **Gruppe von "Start" lösen**.

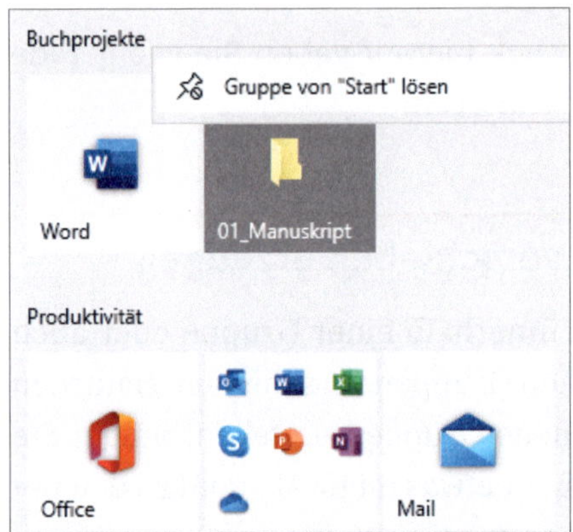

Gewusst, wo – Dateien und Ordner im Explorer gekonnt ablegen

Je mehr Daten auf dem PC gespeichert werden, desto unübersichtlicher wird es. Das kennen Sie sicher auch. Sind Sie Einzelkämpfer und müssen sich nicht innerhalb eines Teams austauschen, können Sie Ihre Dateien im Grunde genommen auch speichern, wo Sie möchten. Denn Sie alleine sind der bzw. die Leidtragende, wenn Sie ein bestimmtes Dokument nicht finden. Peinlich wird es nur dann, wenn auch Kolleg*innen auf Dateien zugreifen müssen, die sich in Ihrer Ablagestruktur aber nicht zurechtfinden. Solch eine Situation kann schneller eintreten, als einem lieb ist, etwa wenn durch eine plötzliche Krankheit eine Vertretung für Sie einspringen muss. Wer für einen strukturierten und für andere nachvollziehbaren Ordneraufbau gesorgt hat, kann dem gelassen entgegensehen.

Eingeschränkte Zugriffsmöglichkeit

Gerade in größeren Unternehmen ist die oberste Hierarchie der Ablage bereits durch die eingeschränkte Freigabe von Laufwerken oder auch Ordnern vorgegeben. Diese kann sich z. B. durch eine bestimmte Abteilungs- bzw. Projektzugehörigkeit ergeben. Die Feingliederung innerhalb dieser Struktur liegt aber auch hier in den Händen der Mitarbeitenden.

Verzeichnisstruktur planen

Tipp 014

Wie sieht eine solche Ordnerstruktur aber nun aus? Die wahrscheinlich zunächst enttäuschende Antwort lautet: »Es gibt keinen für alle gleichermaßen perfekten Aufbau, denn für jedes Unternehmen, ja sogar für jede Abteilung gelten andere Anforderungen.« Es gibt aber ein paar geeignete Maßnahmen, die Ihnen helfen, die für Sie optimale Lösung zu finden.

1. **Löschen:** Verschaffen Sie sich zunächst einen groben Überblick über die bereits vorhandenen Dateien. Hinterfragen Sie dabei, ob Sie wirklich jede dieser Dateien noch benötigen oder ob die ein oder andere nicht doch überflüssig ist und somit sofort gelöscht werden kann.
2. **Gruppieren:** Überlegen Sie sich anhand der verbleibenden Dateien eine mögliche Gruppierung (Thema, Projekt, Zeitraum etc.). Berücksichtigen Sie dabei auch die Art der Dokumente (z. B. Bilder, Präsentationen, Tabellen etc.).

3. **Hierarchisieren:** Legen Sie zuerst die Hauptordner fest und anschließend die Unterordner sowie deren Unterordner. Wenn möglich, sollten Sie mit maximal drei Ordnerebenen auskommen, um sich später unnötige Mausklicks zu sparen. Im Falle eines kleinen Unternehmens könnte sich z. B. der in der Abbildung rechts zu sehende Verzeichnisbaum ergeben.

Beispiel Verzeichnisstruktur

- 01_Mitarbeiter
  - 01_Geschäftsführung
    - Huber
    - Müller
    - Schulze
  - 02_Produktion
  - 03_Vertrieb
  - 04_Marketing
- 02_Kunden
  - Adams
    - 01_Rechnungen
    - 02_Angebote
    - 03_Korrespondenz
  - Beyerle
    - 01_Rechnungen
    - 02_Angebote
    - 03_Korrespondenz
  - Frankenwald
- 03_Produkte
  - 01_Trockenfutter
    - 01_Mini-Kroketten
    - 02_Vollwert-Nahrung
    - 03_Biokost
    - 04_Hypoallergen
  - 02_Nassfutter
    - 01_Rindfleisch
    - 02_Lammfleisch
    - 03_Geflügelfleisch
  - 03_BARF
  - 04_Kauartikel
  - 05_Nahrungsergänzung
- 04_Unternehmen
  - 01_Logos
  - 02_Unternehmensprofil
  - 03_Präsentationen
  - 04_Fotos

4. **Numerische Rangfolge festlegen:** Machen Sie sich Gedanken über die Reihenfolge der Ordner hinsichtlich ihrer Nutzung im Alltag. Im Explorer werden die Verzeichnisse und Dateien alphabetisch sortiert aufgelistet. Wichtige Ordner, auf die häufig zugegriffen wird, sollten in der Hierarchie an oberster Stelle stehen, selten benötigte Verzeichnisse dagegen weiter unten.

Tipp 015

Die richtigen Ziffern für Ordnernamen

Damit der Explorer die von Ihnen festgelegte Rangfolge auch entsprechend umsetzt, ergänzen Sie am besten vor dem eigentlichen Ordnernamen eine Ziffernfolge. Vergessen Sie bei mehrstelligen Zahlen dabei nicht die vorangestellten Nullen, also etwa »01«, »02« etc. Verzichten Sie darauf, würde der Explorer einen Ordner mit der Bezeichnung »10_Unternehmen« vor dem Ordner »2_Mitarbeiter« positionieren.

Für jede Datei einen eingängigen Namen wählen

Nicht nur die Ordner selbst, sondern auch die Dateien innerhalb eines Ordners sollten nach Priorität sortiert werden. Bei Rechnungen ist es sinnvoll, die neuesten Rechnungen als Erstes aufzulisten. Hier bietet es sich z. B. an, das Datum der Rechnungsstellung vor den eigentlichen Dateinamen zu setzen. Damit jeder im Team weiß, wer die Rechnung erstellt hat, hängen Sie noch ein Mitarbeiterkürzel hintenan, also etwa »181001_KundeXYZ_mh.docx«. Die Trennstriche (_ oder auch -) innerhalb des Dateinamens sorgen für eine bessere Übersicht. Verwenden Sie bei den Dateinamen außerdem keine Sonderzeichen oder Umlaute.

Ordner neu anlegen

Tipp 016

Ist die Ordnerstruktur festgelegt, geht es an die Umsetzung auf dem PC. Legen Sie im Explorer zuerst die Hauptordner an und anschließend die jeweiligen Unterordner. Zum Erzeugen eines neuen Ordners können Sie entweder die entsprechende Schaltfläche 1 im Register **Start** 2 des Menübands nutzen oder auch die Tastenkombination Strg + ⇧ + N.

Tipp 017

Ordner umbenennen

Haben Sie sich bei einem Namen vertippt? Dann markieren Sie den Ordner, drücken die Taste F2 und überschreiben einfach die alte Bezeichnung. Das funktioniert natürlich nicht nur bei Ordnern, sondern auch bei Dateinamen.

Tipp 018

Dateien neu geordnet ablegen

Sind alle Ordner angelegt, füllen Sie diese mit den Dateien (siehe auch den Kasten »Sicher ist sicher: Datensicherung anlegen« auf Seite 30):

1. Öffnen Sie den ersten Ordner, in dem sich die zu verschiebenden Dateien befinden.
2. Markieren Sie die erste Datei. Halten Sie dann die Taste Strg gedrückt, während Sie alle weiteren Dateien anklicken.
3. Klicken Sie nun im Register **Start** auf **Verschieben nach** ❶. Wird in der aufklappenden Liste bereits der Ordner aufgeführt, in den die Dateien verschoben werden sollen, wählen Sie diesen einfach per Mausklick aus. Taucht der Ordner noch nicht auf, entscheiden Sie sich für **Speicherort auswählen** ❷. Markieren Sie dann im Dialog **Elemente verschieben** den gewünschten Ordner, und bestätigen Sie mit **Verschieben**.
4. Wiederholen Sie die Schritte für alle weiteren Dateien, bis sich alle in der neuen Ordnerstruktur befinden.

Ordnung per Drag & Drop

Tipp 019

Wer geschickt im Umgang mit der Maus ist, kann das Kopieren und Verschieben von Dateien und Ordnern natürlich auch per *Drag & Drop* erledigen. Nachdem Sie die gewünschten Elemente markiert haben, ziehen Sie diese am besten mit gedrückter rechter Maustaste auf den gewünschten Ordner. Lassen Sie die Taste los, stehen Ihnen die Befehle **Hierher verschieben** ❶ und **Hierher kopieren** ❷ im Kontextmenü zur Auswahl. (Beim Ziehen mit der linken Maustaste würden die Daten dagegen gleich ohne Nachfrage verschoben.)

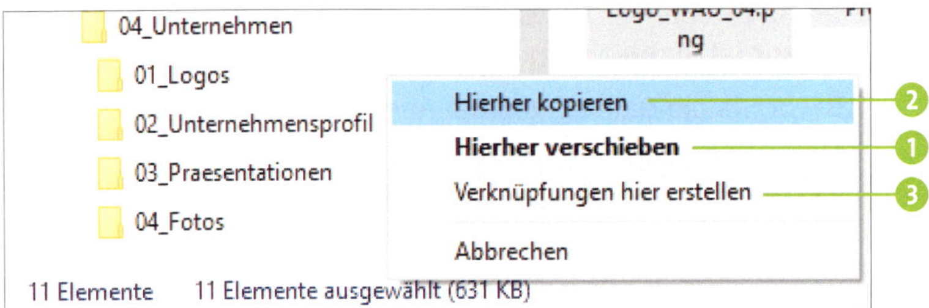

Ablagestruktur für E-Mails und Aktenordner übernehmen

Haben Sie sich schon die Mühe gemacht und eine Ordnerstruktur für den PC bzw. Ihr Laufwerk entwickelt, könnten Sie diese doch auch gleich für die Papierablage und Ihre E-Mails übernehmen. Wie Sie im E-Mail-Chaos nicht den Überblick verlieren, erfahren Sie im Kapitel »So beherrschen Sie die alltägliche E-Mail-Flut« ab Seite 43.

Tipp 020

Verknüpfungen zu Originaldateien erstellen

Bei manchen Dateien fällt es schwer, sie eindeutig einem bestimmten Verzeichnis zuzuordnen. Bitte kommen Sie in einem solchen Fall nicht auf die Idee, die Datei mehrfach in unterschiedlichen Ordnern abzulegen. Hier ist die Gefahr zu groß, dass plötzlich Dateien mit unterschiedlichem Inhalt in Umlauf geraten. Nutzen Sie stattdessen die Möglichkeit, in einem Ordner eine Verknüpfung zur Originaldatei anzulegen. Der entsprechende Befehl **Verknüpfungen hier erstellen** (3 auf Seite 29) wird Ihnen z. B. angeboten, wenn Sie Drag & Drop wie gerade beschrieben anwenden.

Sicher ist sicher: Datensicherung anlegen

Bevor Sie die Dateien von der alten in die neue Ablagestruktur umziehen, sollten Sie eine Kopie der alten Ordner inklusive Dateien in einem eigenen Verzeichnis ablegen. Als Name für den Ordner bietet sich z. B. **Archiv** an. Sollte Ihnen beim Verschieben der Daten in die neue Struktur ein Fehler unterlaufen, können Sie somit immer noch auf die alten Daten zugreifen. Hierzu gehen Sie vor wie in den Schritten 1 bis 3 ab Seite 28 für das Verschieben beschrieben, nur mit dem Unterschied, dass Sie den Befehl **Kopieren nach** wählen. Wer in einem größeren Unternehmen mit eigener EDV-Abteilung arbeitet, kann auch diese bitten, eine Datensicherung des alten Bestands durchzuführen. Stellen Sie nach einer gewissen Zeit fest, dass für das Archiv kein Bedarf mehr besteht, können Sie es natürlich löschen.

Geschickt suchen und schneller finden

Mit den Tricks, die Sie bisher in diesem Kapitel kennengelernt haben, lässt sich schon gut aufräumen. Sie werden aber trotzdem immer wieder Situationen erleben, in denen Sie verzweifelt nach einem wichtigen Dokument suchen. Statt in einem solchen Fall nun selbst mühselig Ordner für Ordner zu durchforsten, sollten Sie dies der hervorragenden Suchfunktion des Explorers überlassen. Kombinieren Sie hier geschickt diverse Suchstrategien, werden Sie unter Garantie fündig.

Eine einfache Suchanfrage im Explorer durchführen

Tipp 021

Eine ganz simple Suchanfrage ist schnell gemacht:

1. Markieren Sie im Navigationsbereich des Explorers den Ordner, in dem Sie die gesuchte Datei oder auch ein Verzeichnis vermuten (1). Sind Sie sich nicht sicher, welchen Ordner Sie wählen sollen, setzen Sie am besten recht weit

oben in der Ordnerhierarchie an, denn der Explorer bezieht auch Unterordner in die Suche ein.

2. Klicken Sie nun oben rechts in das Suchfeld ②. Alternativ drücken Sie die Tastenkombination Strg + F.

3. Geben Sie in das Suchfeld den Suchbegriff ein, und bestätigen Sie die Eingabe per Klick auf das Pfeilsymbol ③ oder durch Drücken der Taste ↵. Die Ergebnisse werden im Inhaltsbereich aufgelistet, wobei der Suchbegriff jeweils gelb hervorgehoben ist ④. Windows berücksichtigt bei der Suche übrigens nicht nur Datei- und Ordnernamen, sondern auch Dateiinhalte.

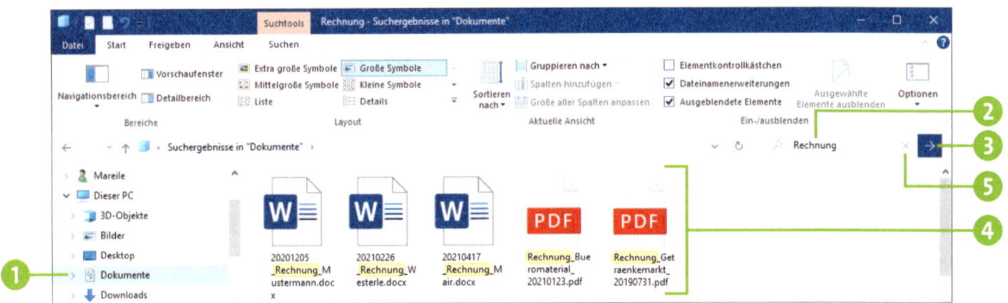

4. Über das Kreuzsymbol ⑤ am rechten Rand des Suchfelds lässt sich der eingetragene Suchbegriff übrigens löschen. Dies ist praktisch, wenn die Suche mit dem ersten Begriff nicht zum gewünschten Ergebnis geführt hat und wenn Sie daher eine neue Suchanfrage starten möchten.

Tipp 022

Mit Platzhaltern suchen

Sind Sie sich bei der Schreibweise einer gesuchten Datei nicht mehr ganz sicher, können Sie sich mit Platzhaltern behelfen. Das Fragezeichen (?) steht z. B. für einen einzelnen Buchstaben. Mit dem Suchbegriff »Me?er« finden Sie also sowohl »Meier« als auch »Meyer«. Möchten Sie gleich mehrere Buchstaben ersetzen, wählen Sie als Platzhalter das Sternchen (*). Auf der Suche nach »Hinterm*r« kommt Windows z. B. sowohl einem »Hintermeir«, einem »Hintermaier« als auch dem »Hintermeyer« auf die Spur. Platzhalter lassen sich leider nicht mit den Suchfiltern kombinieren, die Sie im Folgenden kennenlernen.

Eine passende Suchstrategie überlegen

Tipp 033

Gehen Sie bei der Wahl des Suchbegriffs zu oberflächlich vor, kann es passieren, dass die Suche nicht nur extrem lange dauert, sondern auch viel zu viele Ergebnisse bringt. Geben Sie z. B. lediglich den Namen eines Kunden ein, erhalten Sie womöglich nicht nur die gesuchte Datei mit der letzten Auftragsbestätigung, sondern auch alle weitere Korrespondenz wie Rechnungen, alte Aufträge und mehr. Abhilfe verschaffen hier die zahlreichen Suchfilter, die Windows zur Verfügung stellt.

Das klingt im ersten Moment vielleicht kompliziert, ist es aber gar nicht. Sie müssen lediglich kurz überlegen, was Sie alles bereits über die gesuchte Datei wissen. Können Sie sich z. B. noch daran erinnern, in welchem Zeitrahmen sie erstellt wurde? Um welche Dokumentart handelt es sich: Bild, Excel-Tabelle oder vielleicht auch eine Word-Datei? Alleine diese kleinen Zusätze in einer Suchanfrage führen zu weitaus besseren Suchergebnissen.

Eine komplexe Suchanfrage stellen

Tipp 024

Wie eine Suchanfrage mit entsprechend gesetzten Filtern aussehen könnte, zeigt am besten ein kleines Beispiel. Gesucht werden soll ein Marketingplan für den Kunden Mustermann. Dieser Kundenname taucht im Dateinamen auf. Der Marketingplan wurde diese Woche mit dem Tabellenkalkulationsprogramm Excel erstellt. Für die Suchanfrage gehen Sie nun folgendermaßen vor:

1. Zum Setzen der Suchfilter benötigen Sie das Register **Suchen**. Es wird erst nach Durchführung einer Suchanfrage eingeblendet. Falls Ihnen kein sinnvoller Suchbegriff einfällt, geben Sie im Suchfeld einfach ein beliebiges Zeichen, etwa »*« ein. Klicken Sie dann auf das Pfeilsymbol, wird im Inhaltsbereich des Explorers der gesamte Inhalt des links markierten Ordners angezeigt. Auch das benötigte Register **Suchen** erscheint nun. Mit einem Klick auf das Kreuzsymbol am rechten Rand des Suchfelds löschen Sie das zuvor eingetragene Zeichen.

2. Nun geht es an das Festlegen der Suchfilter. Für unser Beispiel klicken Sie im Register **Suchen** in der Gruppe **Verfeinern** auf **Änderungsdatum** ①. In der aufklappenden Liste markieren Sie **Diese Woche**. Werfen Sie einen Blick in das Suchfeld, entdecken Sie dort entsprechend **änderungsdatum:diese woche** ②. Das Suchfeld lässt sich übrigens auch vergrößern: Positionieren Sie hierzu einfach den Mauszeiger auf dem linken Rand des Feldes. Nimmt er die Form eines Doppelpfeils an, ziehen Sie ihn mit gedrückter linker Maustaste nach links.

3. Das gesuchte Dokument wurde mit Excel erstellt. Um auch dieses Wissen in der Suchanfrage zu berücksichtigen, klicken Sie im Register **Suchen** in der Gruppe **Verfeinern** auf **Andere Eigenschaften** ③. Markieren Sie in der Liste **Typ**.

4. Im Suchfeld wird entsprechend **typ:** ergänzt. Zugleich werden aber auch alle eingetragenen Suchkriterien mar-

kiert, gut erkennbar an einer blauen Hervorhebung. Damit Ihre Suchkriterien durch die folgende Eingabe nicht gelöscht werden, müssen Sie die Markierung wieder aufheben. Hierfür drücken Sie einfach die Taste [→]. Die Einfügemarke blinkt nun direkt hinter **typ:**, sodass Sie mit der gewünschten Eingabe fortfahren können. Für unser Beispiel tippen Sie also »Excel« ein ④.

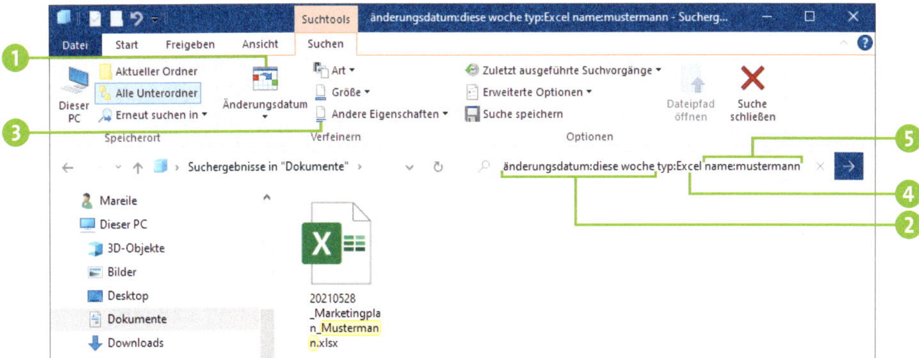

5. In unserer Suche fehlt nur noch der Kundenname Mustermann, der im Dateinamen enthalten ist. Tippen Sie einmal ein Leerzeichen, und geben Sie dann »name: mustermann« ⑤ ein. Nach Betätigen von [↵] beginnt Windows mit der Suche und zeigt nach einem kurzen Moment die ersten Ergebnisse an.

Wie Sie an diesem Beispiel sehen, können Sie die Suchfilter entweder im Register **Suchen** auswählen oder auch selbst in das Suchfeld eingeben. Die Schreibweise entspricht dabei immer dem gleichen Schema: »Eigenschaft:Wert«, also etwa »typ:Excel«. Zwischen den einzelnen Suchkriterien lassen Sie jeweils ein Leerzeichen Abstand. In der folgenden Tabelle haben wir ein paar weitere Beispiele für Sie zusammengestellt.

Beispiele für Suchkriterien	Beschreibung
typ:word	alle Word-Dateien
typ:bild	alle Bilder, egal in welchem Format
typ:jpg	alle Bilder im *.jpg*-Format
vor:31.07.2021	alle Dateien, die vor dem 31. Juli 2021 erstellt oder verändert wurden
nach:26.02.2021	alle Dateien, die nach dem 26. Februar 2021 erstellt oder verändert wurden
aufnahmedatum:11.09.2021	alle Bilder, die am 11. September 2021 aufgenommen wurden
größe:sehr groß	Dateien mit einer Größe zwischen 16 und 128 MB
name:produkt_xyz	alle Dateien und Ordner, deren Name »produkt_xyz« enthält

Tipp 025

Suchen mit Operatoren

Je mehr Suchkriterien Sie angeben, desto besser werden die Suchergebnisse. Im obigen Beispiel wurden diese einfach aneinandergehängt. Der Explorer geht in diesem Fall davon aus, dass nur die Ergebnisse relevant für Sie sind, für die alle Kriterien gelten. Sind Sie bereits zufrieden, wenn nur eines der Kriterien erfüllt wird, ergänzen Sie zwischen den Suchkriterien den Operator *OR* (hierbei bitte unbedingt auf die Großschreibung achten). Die Suchanfrage »name:mustermann OR name:westerle« 1 listet die Dateien und Ordner auf, die entweder den Namen »Mustermann« enthalten oder den Namen »Westerle« 2.

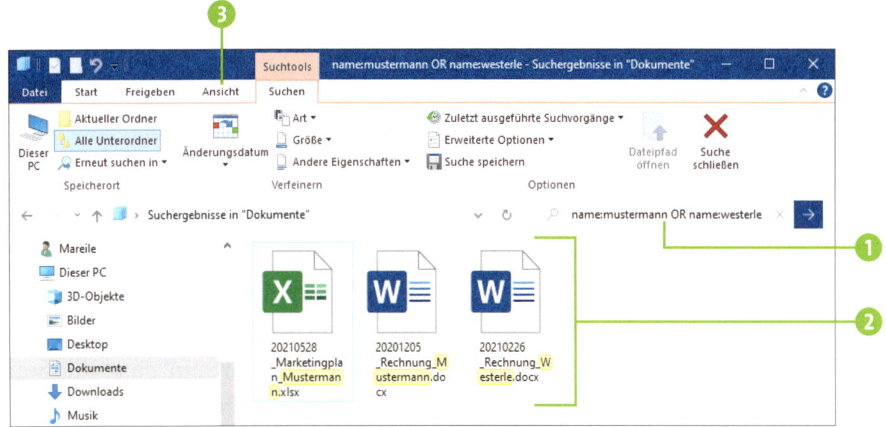

Soll ein Begriff auf gar keinen Fall im Suchergebnis auftauchen, nutzen Sie den Operator *NOT*. Die Suchanfrage »typ:word NOT name:produkt« listet alle Word-Dateien auf, die weder im Dateinamen noch im Inhalt den Text »produkt« enthalten. Sie können hier also alle möglichen Suchfilter ausprobieren und miteinander kombinieren.

Vorschau auf ein Dokument anzeigen

Bei den aufgeführten Suchergebnissen kommen mehrere Kandidaten für die gesuchte Datei infrage? Bevor Sie nun jedes Dokument einzeln öffnen und prüfen, können Sie auch die Vorschau des Explorers nutzen. Hierzu markieren Sie einfach eine Datei im Inhaltsbereich des Explorers. Wechseln Sie dann in das Register **Ansicht** 3, und klicken Sie hier in der Gruppe **Bereiche** auf **Vorschaufenster**. Kurz darauf zeigt der Explorer am rechten Fensterrand eine Vorschau auf den Inhalt der markierten Datei an. Das Verfahren funktioniert genauso gut bei Word-, Excel- oder PowerPoint-Dateien wie bei Bildern. Benötigen Sie die Vorschau nicht mehr, reicht ein erneuter Klick auf **Vorschaufenster**.

Tipp 026

Vier Suchstrategien für die Internetrecherche

Geschickt eingesetzte Suchstrategien führen übrigens nicht nur im Explorer zu mehr Erfolg, sondern auch bei Ihren Internetrecherchen. Kaum einer kommt heute während seiner Arbeit ohne die zahlreichen Informationen aus dem Internet aus. Anschließend aber aus der riesigen Menge an Ergebnissen das Gewünschte herauszufiltern, stellt manch einen vor eine schier unlösbare Aufgabe. Schon mit ein paar kleinen Tricks können Sie die Suchergebnisse erheblich verfeinern. Es ist dabei unerheblich, ob Sie die Suchmaschine Google (*www.google.de*), Bing (*www.bing.de*), Startpage (*eu.startpage.com*) oder auch DuckDuckGo (*www.duckduckgo.com*) nutzen. Die beiden Letzten sind übrigens sehr empfehlenswert, da sie keinerlei persönliche Daten von Ihnen speichern oder gar mit anderen teilen.

1. Die Eingabe eines einzelnen Suchbegriffs reicht meist nicht aus. Überlegen Sie sich, mit welchen Stichwörtern Sie das Gesuchte am besten beschreiben können, und geben Sie diese hintereinander in die Suchmaske ein ①.
2. Soll ein Stichwort unbedingt von der Suche ausgeschlossen werden, setzen Sie vor den Suchbegriff ein Minuszeichen ② (z. B. »–Abmahnung«, wenn in den Suchergebnissen auf gar keinen Fall der Suchbegriff Abmahnung auftauchen soll).
3. Nicht ganz so einfach machen es einem Themen, für die es viele Synonyme gibt. Ein simples Beispiel hierfür ist der Computer, der auch als PC oder Rechner bezeichnet wird. Bevor Sie nun alle Synonyme ausprobieren, setzen Sie einfach vor einen der Begriffe das Tildezeichen (~), also etwa »~Computer«.

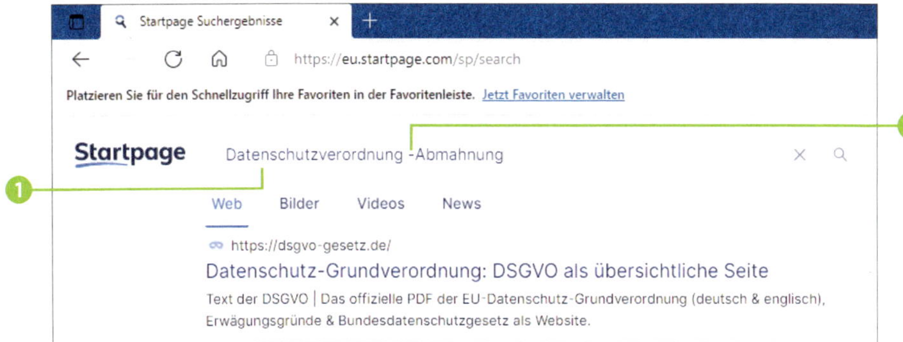

4. Füllwörter wie »und«, »die« oder auch »einer« werden von Suchmaschinen nicht bei der Suche berücksichtigt. Geben Sie mehrere Suchbegriffe ein, listen die Suchmaschinen alle Webseiten auf, auf denen die Stichwörter irgendwo auf der Seite auftauchen. Sollen die Suchbegriffe aber exakt in der von Ihnen vorgegebenen Reihenfolge inklusive der Füllwörter erscheinen, setzen Sie Ihre Suchanfrage in Anführungszeichen, also etwa **"Wie lang wir Freude und Tränen"** 3, wenn Sie auf der Suche nach dieser Zeile des bekannten Songs »Auf uns« von Andreas Bourani sind.

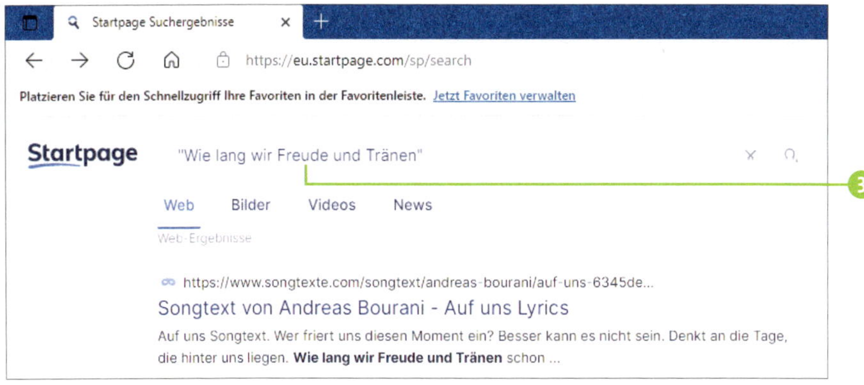

Alle vier Suchstrategien lassen sich natürlich auch miteinander kombinieren.

Tipp 027

Mit der Windows-Suche Apps und Einstellungen aufspüren

Mit jedem größeren Update führt Microsoft bei Windows 10 neue Funktionen ein oder ändert wichtige Einstellungsmöglichkeiten. Sogar neue Apps kommen hinzu. Sollten Sie hier einmal die Orientierung verlieren, hilft Ihnen die Suchfunktion von Windows weiter. Das Suchfeld hierfür finden Sie direkt rechts neben dem Windows-Symbol in der Taskleiste. Es reicht bereits die Eingabe weniger Buchstaben, und schon führt Windows 10 die ersten Ergebnisse auf. Die Suche ist hierbei übrigens nicht nur lokal auf den PC beschränkt, sondern bezieht auch das Internet mit ein. Diese Webergebnisse erkennen Sie in der Ergebnisliste sofort am vorangestellten Lupensymbol. Klicken Sie ein solches Ergebnis an, wird automatisch der Browser Microsoft Edge gestartet – vorausgesetzt, Sie haben ihn als Standardprogramm zum Öffnen von Webseiten eingestellt.

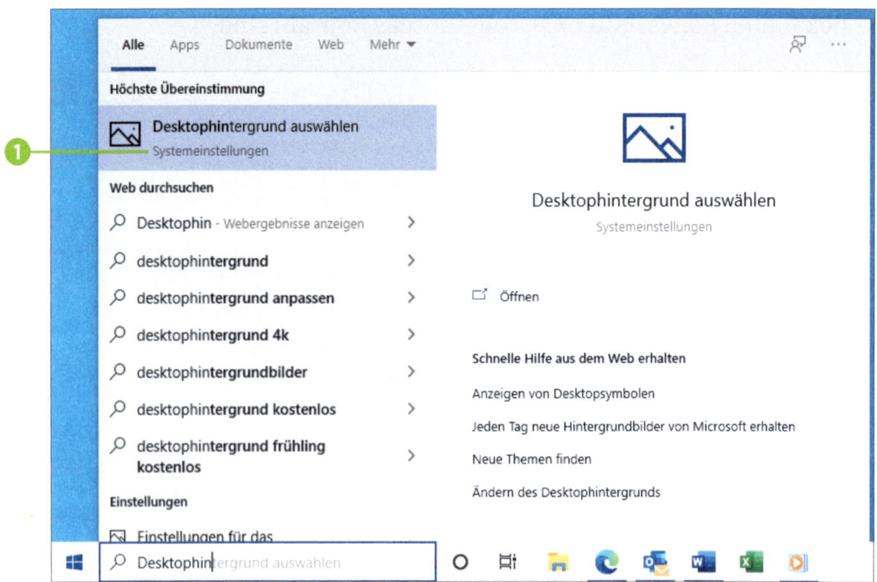

Klicken Sie auf ein Ergebnis, das den Zusatz **Systemeinstellungen** (1) trägt, öffnet sich automatisch die Einstellungen-App mit der benötigten Kategorie.

Auch bei der Windows-Suche können Sie übrigens Filter einsetzen. Klicken Sie in das Suchfeld, werden Ihnen am oberen Rand des Suchdialogs bereits die Filter **Apps**, **Dokumente** und **Web** (2) angeboten. Nach einem Klick auf **Mehr** (3) klappt eine Liste mit weiteren Filtern auf. Markieren Sie dort den gewünschten Filter (z. B. **Einstellungen**) einfach per Mausklick, und geben Sie dann Ihren Suchbegriff ein.

Ihre Suchanfrage wird sofort entsprechend eingeschränkt. Am oberen Rand des Dialogs wird der gesetzte Filter nun ebenfalls angezeigt und fett unterstrichen (4). Um einen gesetzten Filter wieder zu entfernen, reicht ein Klick auf **Alle** (5). Anschließend listet Windows wieder alle Suchergebnisse auf.

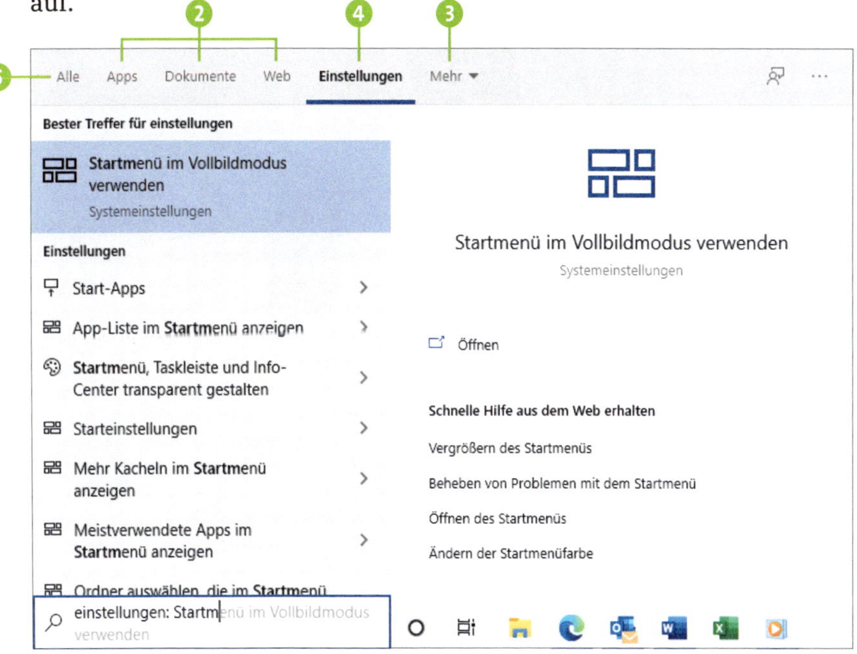

So beherrschen Sie die alltägliche E-Mail-Flut

Den Überblick im E-Mail-Chaos behalten

Die Zahl der E-Mails, die jeden Tag im Posteingang landen, liegt schnell im zwei-, bei manch einem sogar im dreistelligen Bereich. Das E-Mail-Programm *Outlook* bietet Ihnen reichlich Möglichkeiten, um hier nicht den Überblick zu verlieren. So manche Schritte lassen sich sogar automatisieren, sodass Sie sich einige Mausklicks während der täglichen Arbeit sparen können. Abgeschlossen wird das Kapitel mit Tipps, die das Versenden von E-Mails um einiges bequemer machen.

E-Mails sofort löschen

Tipp 028

Outlook listet schön der Reihe nach eine E-Mail nach der anderen in der Nachrichtenliste auf. Schnell entsteht hier eine bunte Mischung aus wichtigen Nachrichten von Kolleg*innen, Kunden und Lieferanten, Informationen aus Netzwerken sowie – nicht zu vergessen – lästigen Werbemails.

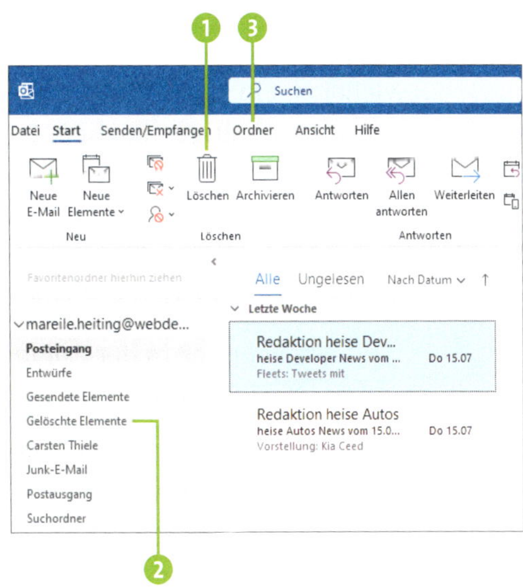

Entdecken Sie im Posteingang Nachrichten, von denen Sie wissen, dass Sie sie nie wieder benötigen, sollten Sie sie sofort löschen. Mit der Taste `Entf` oder alternativ einem Klick auf die Schaltfläche **Löschen** (1) im Register **Start** landet die E-Mail zunächst im Papierkorb, sprich im Ordner

Gelöschte Elemente ❷, sodass Sie immer noch Zugriff auf sie haben. Kann die E-Mail gleich endgültig und unwiderruflich gelöscht werden, drücken Sie den Shortcut [⇧] + [Entf] und bestätigen den Sicherheitshinweis mit **Ja**.

Papierkorb regelmäßig leeren

Sobald eine Nachricht in den Ordner **Gelöschte Elemente** gewandert ist, gerät sie in Vergessenheit. Der Papierkorb von Outlook wird hierdurch immer voller, was wertvollen Speicherplatz kostet und Ihren Computer ggf. auch langsamer macht. Um ihn zwischendurch einmal zu leeren, markieren Sie den Ordner in der Ordnerliste. Wechseln Sie in das Register **Ordner** ❸. Mit einem Klick auf **Ordner leeren** in der Gruppe **Aufräumen** werden alle Nachrichten innerhalb des Ordners unwiederbringlich gelöscht.

Tipp 029

E-Mails zur Nachverfolgung kennzeichnen

Einige Ihrer E-Mails – etwa die vom Chef – erfordern sicherlich eine sofortige Reaktion. Hier sollten Sie sich mit der Antwort nicht allzu viel Zeit lassen. Andere dagegen liegen vielleicht ein paar Tage in Ihrem Postfach, bevor Sie sich mit ihnen beschäftigen können. Das ist z. B. dann der Fall, wenn Sie noch wichtige Daten benötigen, um eine E-Mail beantworten zu können. Damit diese Nachrichten nicht in Vergessenheit geraten, sollten Sie sie unbedingt kennzeichnen. Outlook bietet Ihnen hierfür die Möglichkeit der *Nachverfolgung*:

1. Markieren Sie in der Nachrichtenliste die E-Mail, die Sie zur Nachverfolgung kennzeichnen möchten.
2. Klicken Sie im Register **Start** in der Gruppe **Kategorien** auf **Zur Nachverfolgung** ❶.

3. In der aufklappenden Liste werden Ihnen bereits die Optionen **Heute**, **Morgen**, **Diese Woche** und **Nächste Woche** angeboten. Mit einem Mausklick weisen Sie sie Ihrer E-Mail zu. Noch detailliertere Angaben lassen sich über die Option **Benutzerdefiniert** vornehmen.

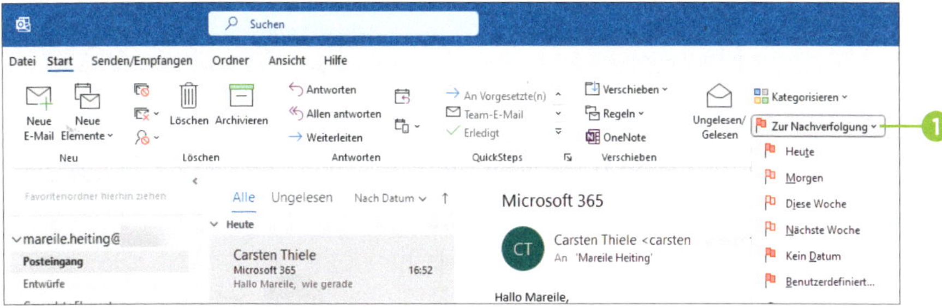

4. Im anschließend eingeblendeten Dialog legen Sie das **Startdatum** 2 (wann können Sie mit der Bearbeitung der Nachricht beginnen?) und das **Fälligkeitsdatum** 3 (bis wann muss die Bearbeitung fertig sein?) fest.

5. Damit Sie die Bearbeitung der E-Mail keinesfalls vergessen, aktivieren Sie die **Erinnerung** 4 und bestimmen einen Zeitpunkt, zu dem Sie erinnert werden möchten. Zu diesem Termin klappt ein Erinnerungsfenster auf dem Bildschirm auf, das Sie sicherlich nicht übersehen werden. Übernehmen Sie die Einstellungen mit **OK**.

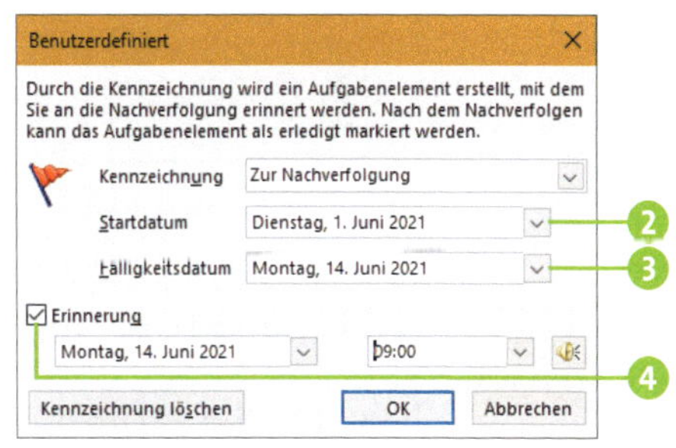

Kennzeichnung von E-Mails wieder aufheben

Tipp 030

Eine zur Nachverfolgung gekennzeichnete E-Mail (siehe den vorherigen Tipp) wird in der Nachrichtenliste farbig hervorgehoben und mit einem kleinen Fähnchen gekennzeichnet. Außerdem erscheint die Nachricht in der Aufgabenliste (mehr hierzu im Kapitel »Terminstress und To-do-Listen im Griff« ab Seite 95). Haben Sie die Nachricht erfolgreich bearbeitet, reicht ein Klick auf das Fähnchen ①, und sie gilt als erledigt. Sollte sich z.B. der Fälligkeitstermin geändert haben, wählen Sie nach einem rechten Mausklick auf das Fähnchen im Kontextmenü **Benutzerdefiniert** ② und passen die Einstellungen an. Über den Kontextmenüeintrag **Kennzeichnung löschen** ③ lässt sich die Nachverfolgung der E-Mail auch ganz abschalten.

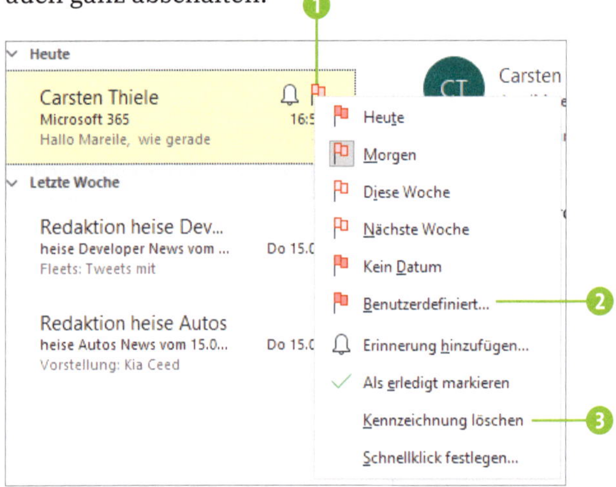

Tipp 031

E-Mails farbig markieren

Möchten Sie gerne auf einen Blick sehen, welche Nachrichten zu einem bestimmten Projekt gehören? Dann markieren Sie diese am besten farbig. Möglich ist dies mit der Funktion **Kategorisieren** ①. Wer ein IMAP-Konto eingerichtet hat, muss hier allerdings auf die Funktion verzichten. Das Kategorisieren lässt sich nicht nur bei E-Mails anwenden, sondern auch bei Aufgaben und Terminen.

Farbkategorien umbenennen und hinzufügen

Tipp 032

Outlook stellt bereits sechs Farbkategorien zur Verfügung, die zunächst die sehr allgemeinen Bezeichnungen **Blaue Kategorie**, **Gelbe Kategorie** usw. tragen. Diese Namen lassen sich aber ebenso schnell ändern, wie Sie noch weitere Farbkategorien mit eigenen Bezeichnungen hinzufügen können. Dies alles funktioniert so:

1. Stellen Sie sicher, dass in Outlook das Modul **E-Mail** aktiviert ist und sich das Register **Start** im Vordergrund befindet.
2. Klicken Sie in der Gruppe **Kategorien** auf **Kategorisieren** 1 und dann auf **Alle Kategorien** 2.

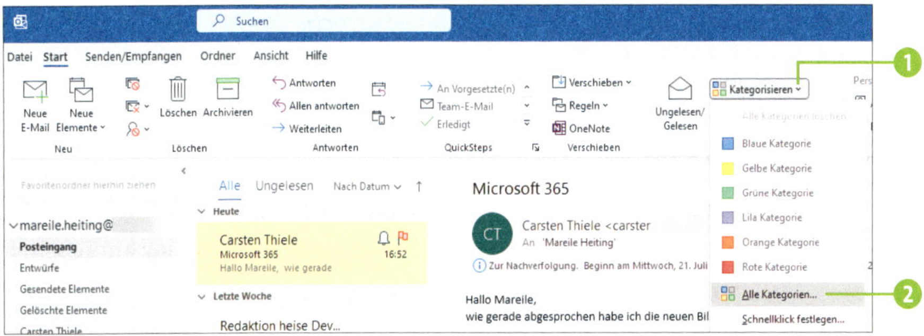

3. Im Dialog **Farbkategorien** markieren Sie links die Kategorie, der Sie einen neuen Namen geben möchten 3, und wählen dann **Umbenennen** 4.
4. Überschreiben Sie den alten Namen. Entscheiden Sie sich bei der neuen Bezeichnung für möglichst aussagekräftige Namen. Gut geeignet sind z.B. Projekte oder auch Kunden.

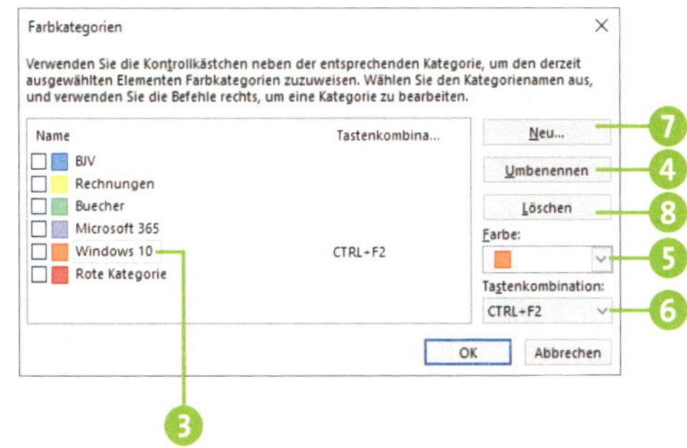

5. Die Farbe einer Kategorie sagt Ihnen nicht zu? Dann wählen Sie nach dem Markieren der Kategorie im Feld **Farbe** (5) einfach einen neuen Farbton aus.

6. Wenn Sie ein Fan von Shortcuts sind, sollten Sie einer Farbkategorie über das entsprechende Feld auch eine **Tastenkombination** (6) zuweisen. Die Bezeichnung `ctrl` entspricht dabei der deutschen Tastaturbelegung `Strg`.

7. Benötigen Sie noch weitere Kategorien, vergeben Sie über **Neu** (7) einen entsprechenden Namen und weisen einen noch nicht vergebenen Farbton zu. Bestätigen Sie mit **OK**.

8. Nicht mehr benötigte Kategorien können Sie, nachdem Sie sie markiert haben, löschen (8).

9. Sind alle Einstellungen im Dialog **Farbkategorien** erledigt, schließen Sie diesen mit **OK**.

Tipp 033

Farbkategorien zuweisen

Haben Sie einmal die Farbkategorien zusammengestellt, können Sie sie blitzschnell für eingegangene, aber auch selbst versendete E-Mails nutzen. Auch das funktioniert denkbar einfach:

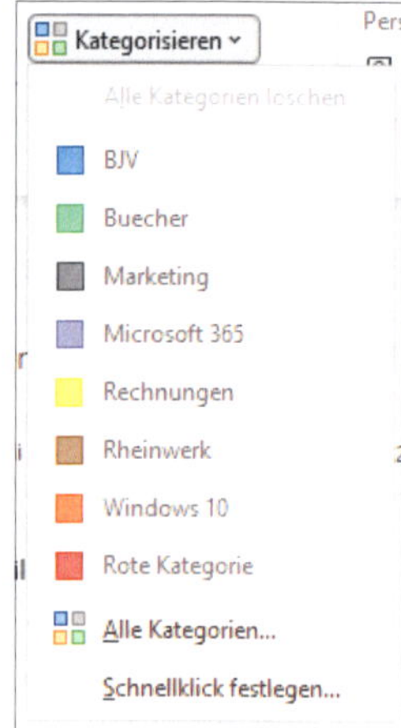

1. Markieren Sie links den gewünschten Ordner, also etwa den **Posteingang**, und dann die Nachricht, die Sie farbig kennzeichnen möchten. Um gleich mehrere E-Mails auf einmal zu markieren, halten Sie die Taste `Strg` gedrückt, während Sie die einzelnen Nachrichten nacheinander mit der Maus anklicken.

2. Blenden Sie das Register **Start** ein, und klicken Sie in der Gruppe **Kategorien** auf **Kategorisieren**.
3. Wählen Sie in der Liste die gewünschte Kategorie aus. Alternativ können Sie nach Schritt 1 auch diejenige Tastenkombination drücken, die Sie ggf. für eine Farbkategorie festgelegt haben.

Zugewiesene Farbkategorien entfernen

Die zugewiesene Farbkategorie gilt für eine E-Mail nicht mehr? Um sie zu entfernen, markieren Sie die Nachricht und klicken im Register **Start** auf **Kategorisieren ▸ Alle Kategorien**. Entfernen Sie das Häkchen vor einer Kategorie, wenn diese für die Nachricht keine Gültigkeit mehr hat. Umgekehrt können Sie durch Setzen eines Häkchens eine weitere Kategorie zuweisen. Mit **OK** schließen Sie den Dialog.

E-Mails filtern

Tipp 034

Haben Sie eine Farbkategorie zugewiesen, ist im Lesebereich oberhalb der E-Mail ein farbiger Balken mit dem Kategoriennamen zu sehen, in der Nachrichtenliste dagegen nur ein kleines farbiges Rechteck. Wenn Sie einer Nachricht gleich mehrere Farbkategorien zuweisen (was jederzeit möglich ist), müssen Sie etwas aufpassen: In der Nachrichtenliste werden nur die letzten drei vergebenen Farben angezeigt.

Wer seine Mails nur mit einem raschen Blick über den Anzeigenbereich scannt, übersieht womöglich eine wichtige Mail. Nutzen Sie die Suchfilter von Outlook, passiert dies nicht so schnell.

1. Klicken Sie im Register **Start** in der Gruppe **Suchen** auf **E-Mail filtern** (1).

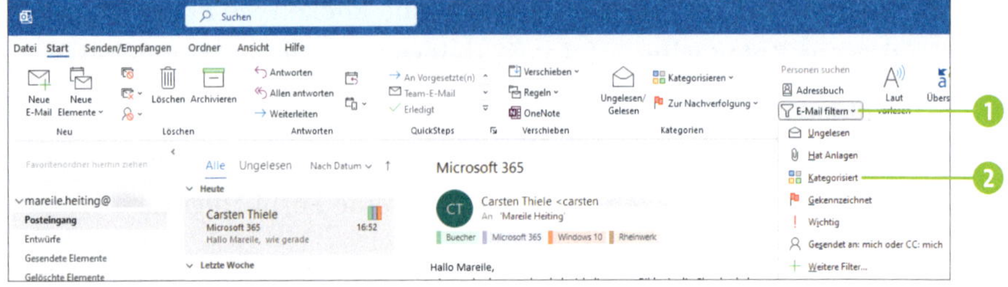

2. Wählen Sie nun zunächst **Kategorisiert** 2 und dann die Farbkategorie per Klick aus.

3. Am oberen Rand des Programmfensters klappt nun das Suchfeld auf, das als Suchbegriff bereits die gerade ausgewählte Kategorie enthält 3. Outlook geht davon aus, dass Sie die Suche im links markierten Ordner durchführen wollen 4. Sollten Sie z. B. mehrere Postfächer in Outlook eingerichtet haben, lässt sich über das Feld links vom Suchfeld 5 der Ort anpassen. Alternativ hierzu können Sie auch über die entsprechenden Schaltflächen 6 im Register **Suchen** die gewünschten Postfächer oder Ordner auswählen. Überdeckt das aufgeklappte Suchfeld wichtige Schaltflächen des Registers, lässt es sich mit einem Klick auf einen freien Bereich außerhalb des Feldes 7 einklappen.

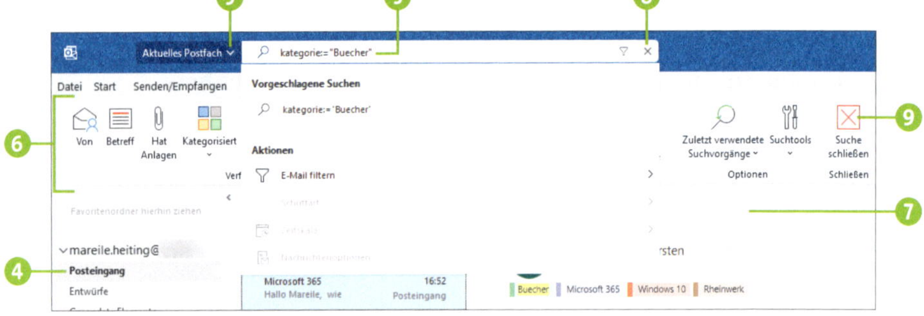

4. Wie erwähnt enthält das Suchfeld den Suchbegriff – im Beispiel also die Kategorie. Sollte die Suche zu viele Ergebnisse geliefert haben, können Sie hier noch weitere Stichworte hinzufügen. Dazu gehen Sie so vor, wie es am Beispiel des Explorers in Tipp 024 »Eine komplexe Suchanfrage stellen« ab Seite 33 gezeigt wurde.
5. Auch über das Register **Suchen** lassen sich natürlich weitere Suchkriterien festlegen. Suchen Sie z. B. alle E-Mails eines bestimmten Absenders, klicken Sie auf **Von** und ergänzen dann im Suchfeld den entsprechenden Namen.

Alle E-Mails nach Suchvorgang wieder einblenden

Tipp 035

Sollen in der Nachrichtenliste wieder alle E-Mails angezeigt werden und nicht nur die Suchergebnisse, markieren Sie links den gewünschten Ordner. Alternativ leeren Sie den Inhalt des Suchfeldes über das Kreuzsymbol (8 auf Seite 50) oder klicken auf **Suche schließen** 9.

Die Suchfilter stehen Ihnen natürlich nicht nur für E-Mails zur Verfügung, sondern auch für Ihre Aufgaben, Termine sowie Notizen. Mit einem Klick in das Suchfeld blenden Sie zugleich das Register **Suchen** ein.

Suchordner für häufig wiederkehrende Suchanfragen erstellen

Wer immer wieder die gleiche Suchanfrage stellen muss, sollte sich die Arbeit durch einen eigenen Suchordner erleichtern. Rufen Sie hierzu in der Ordnerliste links per rechten Mausklick auf **Suchordner** das Kontextmenü auf, und wählen Sie **Neuen Suchordner**. In der Liste **Wählen Sie einen Suchordner**

aus finden Sie bereits einige vordefinierte Suchkriterien. Um eigene Filter zu setzen, blättern Sie in der Liste nach unten und klicken auf **Benutzerdefinierten Suchordner erstellen** und dann auf **Auswählen**. Vergeben Sie einen Namen für den Suchordner. Nach einem Klick auf **Kriterien** lassen sich im Dialog **Suchordnerkriterien** in den Registern **Nachrichten**, **Weitere Optionen** und **Erweitert** zahlreiche Filter setzen. Mit **OK** speichern Sie die Auswahl. Klicken Sie zukünftig auf den selbst angelegten Suchordner in der Ordnerliste, werden alle zutreffenden E-Mails in der Nachrichtenliste aufgeführt. Über das Kontextmenü des selbst angelegten Suchordners können Sie ihn jederzeit umbenennen, anpassen (also die Kriterien ändern) oder auch löschen.

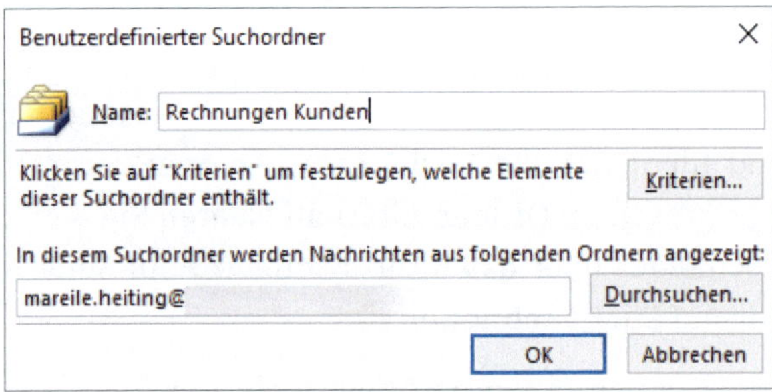

Tipp 036

Die Ordner für E-Mails

Alle empfangenen E-Mails legt Outlook automatisch im Ordner **Posteingang** ab, die gesendeten Nachrichten wiederum unter **Gesendete Elemente**. Es versteht sich von selbst, dass Sie E-Mails, die Sie nicht mehr benötigen, sofort löschen sollten. Leider lässt sich das nicht mit jeder Nachricht machen. So sollten Sie z. B. wichtige Kundenanfragen über einen gewissen Zeitraum hinweg aufbewahren, um jederzeit darauf zurückgreifen zu können.

Elektronische Rechnungen müssen elektronisch archiviert werden

Erhalten Sie Rechnungen per E-Mail? Oder verschickt Ihr Unternehmen Rechnungen auf dem elektronischen Weg? Dann müssen Sie diese aus steuerlichen Gründen unbedingt auch elektronisch archivieren. Es genügt nicht, die Unterlagen auszudrucken und in Papierform aufzubewahren! Wurde die Rechnung z. B. im PDF-Format an die E-Mail gehängt, reicht es aber, das PDF-Dokument zu speichern, die E-Mail selbst kann anschließend gelöscht werden.

Neue Ordner anlegen

Tipp 037

Damit es im Postfach nicht zu unübersichtlich wird, nutzen Sie am besten Ordner. Als Struktur bietet sich hier eventuell diejenige an, die Sie für die Verzeichnisse im Explorer gewählt haben (siehe auch Tipp 014 »Verzeichnisstruktur planen« ab Seite 25). Legen Sie also beispielsweise jeweils eigene Ordner für Ihre Projekte oder Kunden an. Auch Verzeichnisse, in denen Sie die Kommunikation mit Kolleg*innen ablegen, könnten nützlich sein sowie ein Ordner für alle Benachrichtigungen aus sozialen Netzwerken.

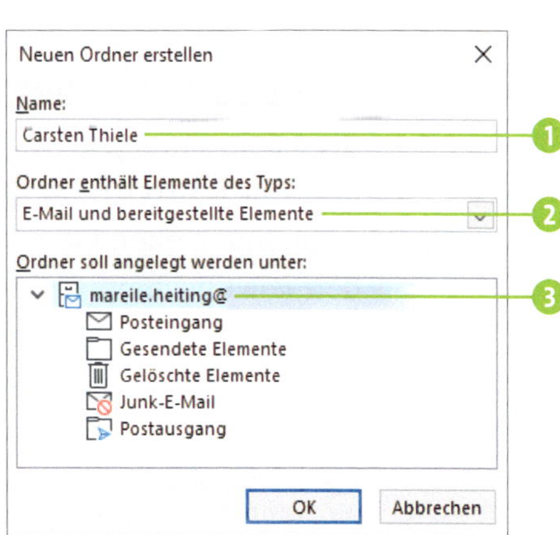

Zum Anlegen eines Ordners gehen Sie folgendermaßen vor:

1. Klicken Sie im Register **Ordner** in der Gruppe **Neu** auf **Neuer Ordner**. Alternativ rufen Sie den Dialog **Neuen Ordner erstellen** über den Shortcut Strg + ⇧ + E auf.

2. Vergeben Sie einen aussagekräftigen Namen für den Ordner ❶.

3. Stellen Sie sicher, dass im Feld **Ordner enthält Elemente des Typs** die Option **E-Mail und bereitgestellte Elemente** ❷ angezeigt wird.

4. Im Feld **Ordner soll angelegt werden unter** markieren Sie den Ordner, unter dem der neue hinzugefügt werden soll. Wählen Sie z.B. den persönlichen Ordner ❸, wird der neue Ordner auf der gleichen Ebene wie die bereits vorhandenen Ordner **Posteingang**, **Gesendete Elemente** oder auch **Aufgaben** erstellt.

5. Mit **OK** schließen Sie den Dialog. Der neue Ordner wird nun im Ordnerbereich aufgelistet. Die Sortierung erfolgt hier alphabetisch. Wenn Sie eine andere Sortierung vorziehen, ergänzen Sie die Ordnernamen am besten mit Präfixen wie »01_«, »02_« (siehe auch Tipp 015 »Die richtigen Ziffern für Ordnernamen« auf Seite 26). Nach einem rechten Mausklick auf einen Ordner können Sie ihn jederzeit umbenennen.

Tipp 038

E-Mails in Ordner verschieben

Sind die E-Mail-Ordner erstellt, legen Sie dort als Nächstes die Nachrichten ab. Am schnellsten gelingt das Verschieben per Drag & Drop: Bewegen Sie den Mauszeiger auf eine Nachricht, und ziehen Sie sie mit gedrückter linker Maustaste auf den gewünschten Ordner im Ordnerbereich ❶. Um gleich mehrere E-Mails in einem Rutsch zu verschieben, halten Sie die Taste `Strg` gedrückt, während Sie die einzelnen E-Mails per Klick markieren. Bevor Sie die Nachrichten verschieben, lassen Sie die Taste wieder los. Sollen die E-Mails in den Ordner kopiert werden, bleibt die Taste `Strg` auch während des

Ziehens gedrückt. Als Alternative zum Drag & Drop können Sie auch den Weg über das Menüband gehen. Den entsprechenden Befehl **Verschieben** 2 finden Sie im Register **Start** in der Gruppe **Verschieben**.

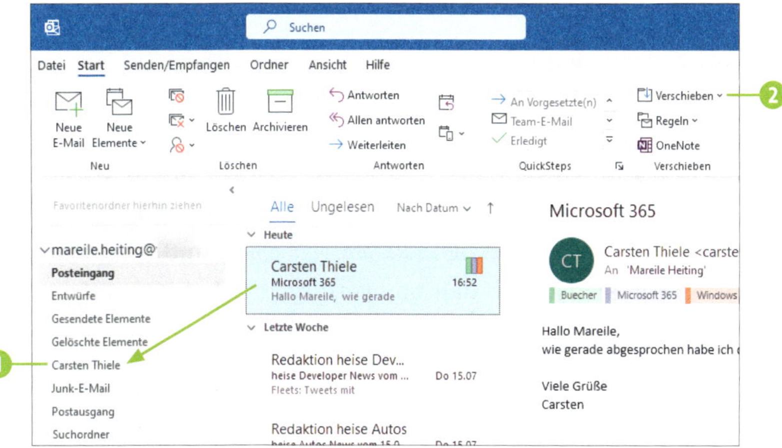

Das manuelle Verschieben von Nachrichten kann je nach Anzahl der E-Mails viel Zeit in Anspruch nehmen. Schneller geht es, wenn Sie Outlook die Arbeit überlassen. Die entsprechenden Regeln hierfür sind schnell erstellt, wie Sie im Abschnitt »Das geht noch schneller: wichtige Arbeitsschritte in Outlook beschleunigen« ab Seite 56 sehen werden.

E-Mails regelmäßig archivieren

Im Laufe der Zeit wächst die Zahl an E-Mails, die man aus persönlichen oder auch gesetzlichen Gründen aufbewahren möchte. Das Postfach von Outlook stößt damit aber irgendwann platzmäßig an seine Grenzen. Um wieder für freien Platz zu sorgen, sollten ältere Nachrichten archiviert werden. Die Strategien hierfür sind in jedem Unternehmen anders. Fragen Sie beim IT-Administrator Ihrer Firma nach, wie die Archivierung dort gehandhabt wird.

Das geht noch schneller: wichtige Arbeitsschritte in Outlook beschleunigen

Wer täglich viele Mails verschickt bzw. empfängt, ist alleine schon mit der Organisation der Nachrichten gut beschäftigt. Sie können sich aber viel Arbeit sparen, indem Sie immer wiederkehrende Arbeitsschritte Outlook überlassen. Die Zauberworte hierfür heißen *Regeln*, *QuickSteps* und *Schnellbausteine*. Was sich jeweils dahinter verbirgt, erfahren Sie auf den folgenden Seiten.

E-Mails nicht automatisch als gelesen markieren

Neu eingetroffene Nachrichten hebt Outlook zunächst schön fett hervor. Sobald Sie allerdings eine neue Nachricht auswählen, wird die zuvor markierte als gelesen gekennzeichnet – egal, ob Sie diese auch wirklich gelesen haben oder nicht. Das kann schnell dazu führen, dass wichtige neue E-Mails untergehen. Um die Einstellung zu ändern, rufen Sie **Datei ▸ Optionen ▸ Erweitert** auf. Klicken Sie dann rechts auf **Lesebereich**. Entfernen Sie hier das Häkchen vor **Element als gelesen markieren, wenn neue Auswahl erfolgt**, und bestätigen Sie mit einem Klick auf **OK**.

Tipp 039 Eine einfache Regel erstellen

Sollen E-Mails bestimmter Personen in speziell hierfür angelegte Ordner verschoben werden, sobald sie eingetroffen sind? Das lässt sich schnell mithilfe von Regeln umsetzen.

Wie Sie den Ordner erstellen, erfahren Sie in Tipp 037 »Neue Ordner anlegen« ab Seite 53. Anschließend geht es wie folgt weiter:

1. Markieren Sie eine E-Mail, die von der entsprechenden Person stammt.
2. Wechseln Sie im Menüband in das Register **Start**, und klicken Sie hier in der Gruppe **Verschieben** auf **Regeln** 1.

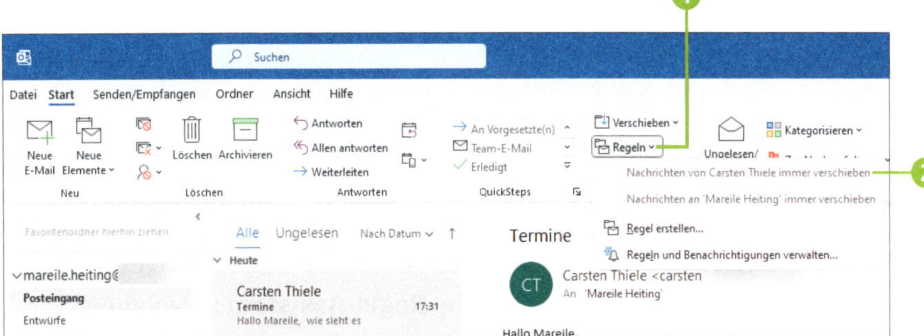

3. In der aufklappenden Liste wählen Sie **Nachrichten von ... immer verschieben** 2.
4. Im Ordner **Regeln und Benachrichtigungen** markieren Sie den Ordner, in den alle Nachrichten der Person verschoben werden sollen 3. Bestätigen Sie mit **OK**.

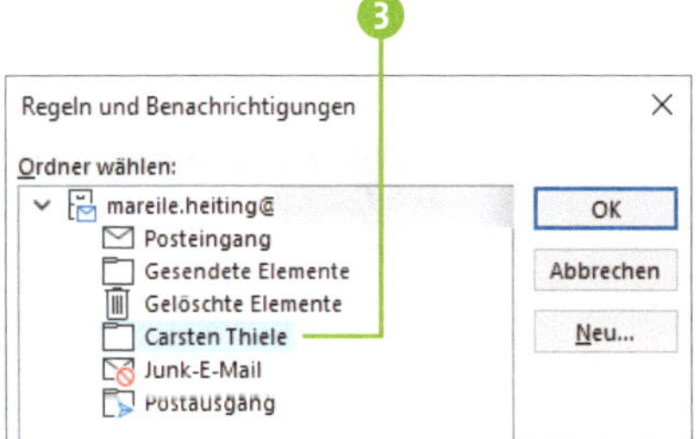

Komplexere Regeln erzeugen

Tipp 040

Das letzte Beispiel war recht einfach. Regeln lassen sich aber auch für weitaus komplexere Szenarien erstellen. Angenommen, alle E-Mails mit einem bestimmten Betreff (z. B. »Rechnungen«), die Sie an eine ausgewählte Person schicken bzw. von ihr erhalten, sollen automatisch farbig gekennzeichnet

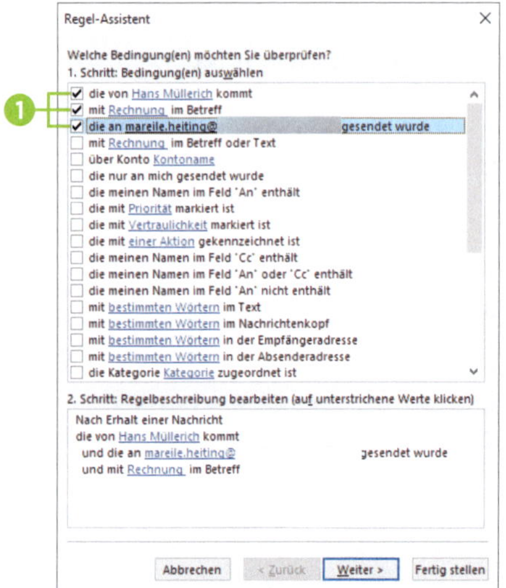

und in einen bestimmten Ordner verschoben werden. Eine Regel, die diese Arbeitsschritte automatisch für Sie erledigt, erstellen Sie folgendermaßen:

1. Markieren Sie eine Nachricht mit dem entsprechenden Betreff, die bereits an die gewünschte Person geschickt wurde bzw. die Sie erhalten haben.
2. Klicken Sie im Register **Start** in der Gruppe **Verschieben** auf **Regeln ▸ Regel erstellen**.
3. Im Dialog **Regel erstellen** klicken Sie auf **Erweiterte Optionen**, um zum Dialog **Regel-Assistent** zu gelangen.
4. Als Erstes legen Sie die Bedingungen fest, die eine E-Mail erfüllen soll. Für unser Beispiel versehen Sie also die Kästchen **die von ... kommt**, **mit ... im Betreff** sowie **die an ... gesendet wurde** (1) jeweils mit einem Häkchen. Bestätigen Sie mit **Weiter**.
5. Im nächsten Schritt wählen Sie die Aktionen, die für die Nachrichten ausgeführt werden sollen. Da in unserem Beispiel die E-Mails verschoben und farbig gekennzeichnet werden sollen, versehen Sie **diese in den Ordner Zielordner verschieben** sowie **diese der Kategorie Kategorie zuordnen** (2) jeweils mit einem Häkchen.
6. Um Outlook mitzuteilen, welchen Ordner Sie für das Verschieben vorsehen, klicken Sie im Feld **2. Schritt: Regelbeschreibungen bearbeiten ...** auf den Link **Zielordner** (3).
7. Markieren Sie im Dialog **Regeln und Benachrichtigungen** den gewünschten Ordner, und bestätigen Sie mit **OK**.

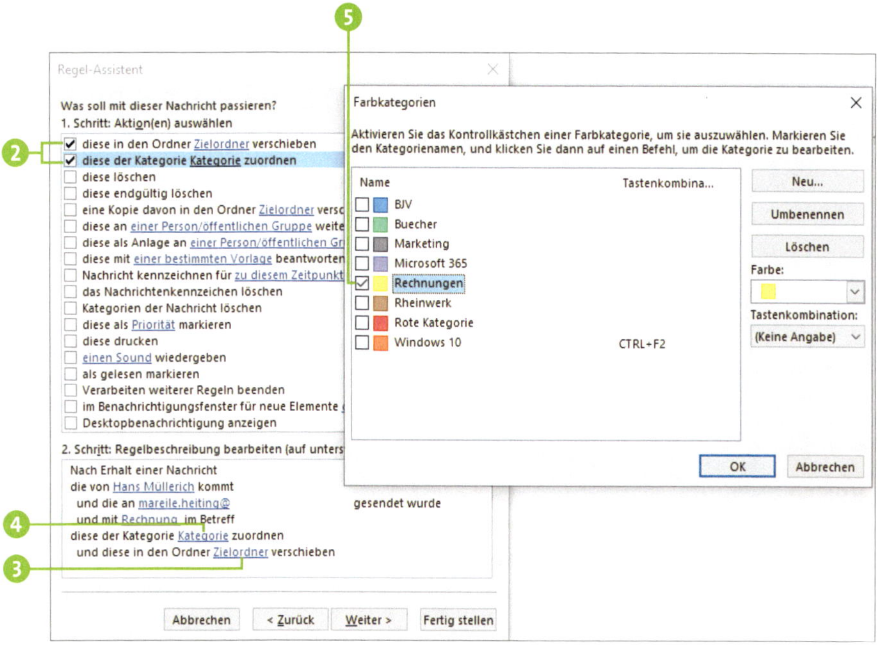

Regel-Assistent

Was soll mit dieser Nachricht passieren?
1. Schritt: Aktion(en) auswählen
diese in den Ordner Zielordner verschieben
diese der Kategorie Kategorie zuordnen
diese löschen
diese endgültig löschen
eine Kopie davon in den Ordner Zielordner versc
diese an einer Person/öffentlichen Gruppe weite
diese als Anlage an einer Person/öffentlichen Gr
diese mit einer bestimmten Vorlage beantworten
Nachricht kennzeichnen für zu diesem Zeitpunkt
das Nachrichtenkennzeichen löschen
Kategorien der Nachricht löschen
diese als Priorität markieren
diese drucken
einen Sound wiedergeben
als gelesen markieren
Verarbeiten weiterer Regeln beenden
im Benachrichtigungsfenster für neue Elemente
Desktopbenachrichtigung anzeigen
2. Schritt: Regelbeschreibung bearbeiten (auf unters
Nach Erhalt einer Nachricht
die von Hans Müllerich kommt
und die an mareile.heiting@ gesendet wurde
und mit Rechnung im Betreff
diese der Kategorie Kategorie zuordnen
und diese in den Ordner Zielordner verschieben
Abbrechen < Zurück Weiter > Fertig stellen

Farbkategorien
Aktivieren Sie das Kontrollkästchen einer Farbkategorie, um sie auszuwählen. Markieren Sie den Kategorienamen, und klicken Sie dann auf einen Befehl, um die Kategorie zu bearbeiten.
Name Tastenkombina...
BJV
Buecher
Marketing
Microsoft 365
Rechnungen
Rheinwerk
Rote Kategorie
Windows 10 CTRL+F2
Neu... Umbenennen Löschen
Farbe:
Tastenkombination: (Keine Angabe)
OK Abbrechen

2 3 4 5

8. Zurück im Regel-Assistenten klicken Sie anschließend unter **2. Schritt ...** auf **Kategorie** 4. Setzen Sie vor der gewünschten Farbkategorie 5 ein Häkchen, und bestätigen Sie mit **OK**.

9. Nach einem Klick auf **Weiter** könnten Sie noch Ausnahmen festlegen. Sollten diese für eine E-Mail zutreffen, wird die Regel nicht ausgeführt. In unserem Beispiel gibt es keine Ausnahmen, sodass es gleich mit **Weiter** weitergeht.

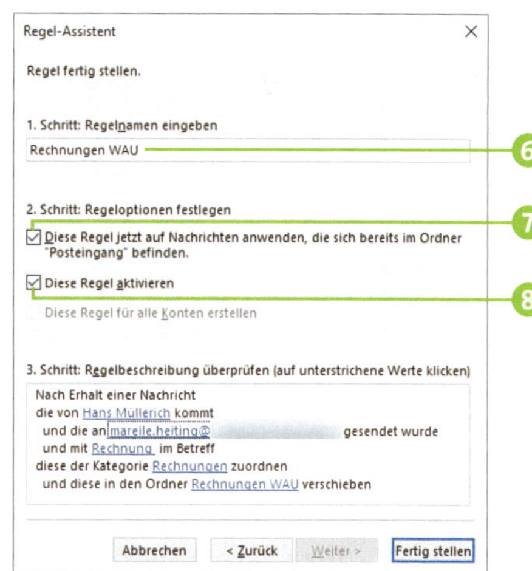

10. Überschreiben Sie den von Outlook vorgegebenen Regelnamen ggf. mit einer aussagekräftigeren Bezeichnung 6.

11. Soll die Regel sofort für die bereits vorhandenen E-Mails ausgeführt werden, aktivieren Sie das Kästchen **Diese Regel jetzt auf Nachrichten anwenden, die sich bereits im Ordner "Posteingang" befinden** 7. Damit sie für zukünftige Nachrichten gilt, sollte außerdem **Diese Regel aktivieren** 8 mit einem Häkchen versehen sein.
12. Unter **3. Schritt ...** können Sie alles überprüfen, bevor Sie den Regel-Assistenten mit **Fertig stellen** schließen.

Tipp 041

Regeln bearbeiten oder löschen

Zum Erstellen einer komplexen Regel, wie sie im vorherigen Tipp vorgestellt wurde, sind zwar zunächst ein paar Schritte nötig, von nun an erledigt Outlook aber alles automatisch. Gibt es noch mehr Aktionen, die Sie dem E-Mail-Programm überlassen möchten, erstellen Sie einfach weitere Regeln. Sollten Sie eine Regel im Nachhinein bearbeiten müssen, rufen Sie im Register **Start** in der Gruppe **Verschieben ► Regeln ► Regeln und Benachrichtigungen verwalten** auf. Möchten Sie eine Regel für einen bestimmten Zeitraum deaktivieren, entfernen Sie das Häkchen vor dem Regelnamen 1. Durch Setzen des Häkchens schalten Sie sie später wieder scharf.

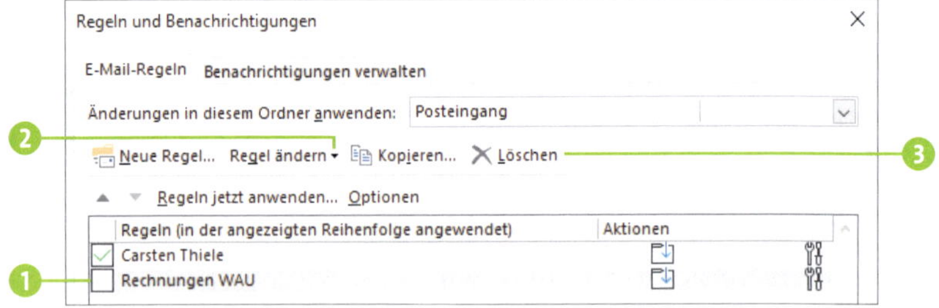

Um Bedingungen oder auch Aktionen einer Regel zu ändern, markieren Sie die gewünschte Regel und klicken auf **Regel ändern** 2 ► **Regeleinstellungen bearbeiten**. Nehmen Sie die gewünschten Korrekturen vor, und bestätigen Sie mit **Fertig stellen**.

Natürlich lassen sich nicht mehr benötigte Regeln auch jederzeit entfernen. Hierzu reicht nach dem Markieren ein Klick auf **Löschen** ❸. Mit **Übernehmen** und **OK** schließen Sie den Dialog **Regeln und Benachrichtigungen**.

Arbeitsschritte in QuickSteps zusammenfassen

Tipp 042

Sobald Sie eine Regel erstellt haben, führt Outlook die Schritte wie erwähnt vollautomatisch aus, wenn eine eintreffende oder auch von Ihnen versendete Nachricht die Bedingungen erfüllt. Möchten Sie noch etwas Kontrolle behalten, bietet sich eine andere interessante Funktion von Outlook an: die *QuickSteps*. Hier definieren Sie die Arbeitsschritte, die das Programm durchführen soll (z. B. das Verschieben von Nachrichten), das Ausführen wird aber manuell, sprich per Mausklick, von Ihnen gestartet. Outlook hat bereits ein paar vordefinierte QuickSteps im Angebot, weitaus interessanter ist es aber natürlich, selbst einen zu definieren. Im folgenden Beispiel geht es um E-Mails, die an mehrere Empfänger*innen verschickt wurden. Diese sollen in einen bestimmten Ordner verschoben werden, sobald Sie allen E-Mail-Empfänger*innen geantwortet haben. Der QuickStep hierzu sieht folgendermaßen aus:

1. Klicken Sie im Register **Start** in der Gruppe **QuickSteps** auf das Symbol **Weitere** ⊽ ❶.

2. In der aufklappenden Liste rufen Sie **Neuer QuickStep ▸ Benutzerdefiniert** auf.

3. Vergeben Sie einen Namen ② für den QuickStep. Nach einem Klick auf den Pfeil rechts vom Feld **Aktionen** ③ wählen Sie die erste Aktion aus, im Beispiel also **Allen antworten**.

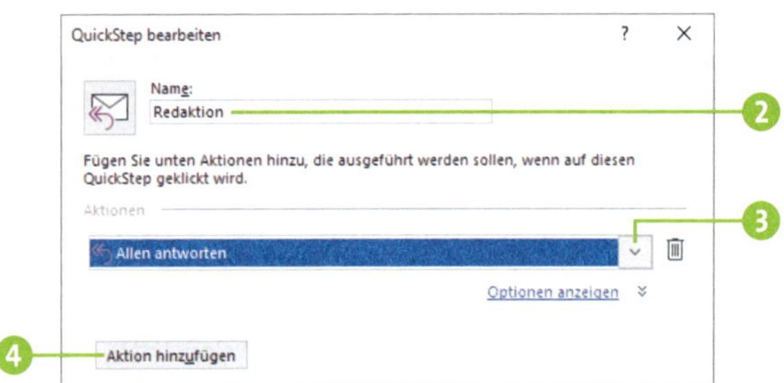

4. Nach einem Klick auf **Aktion hinzufügen** ④ legen Sie den nächsten Schritt fest, den Outlook erledigen soll, im Beispiel also **In Ordner verschieben** ⑤. Den Zielordner stellen Sie im Feld **Ordner auswählen** ⑥ ein. Sollten Sie eine Aktion wieder entfernen wollen, reicht ein Klick auf das Kreuzsymbol hinter dem entsprechenden Feld.

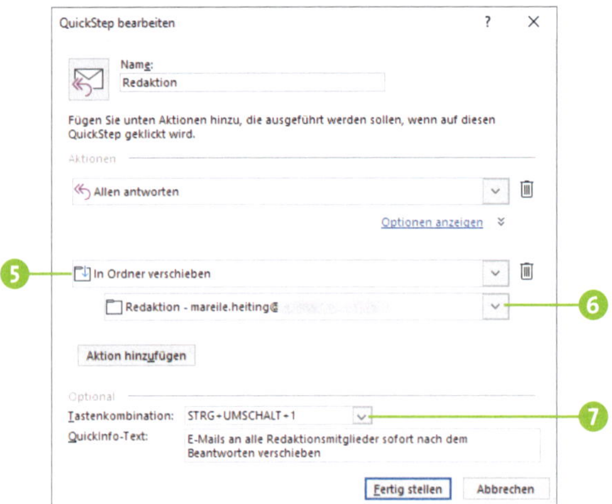

5. Im Feld **Tastenkombination** 7 können Sie noch einen Shortcut bestimmen, bevor Sie mit **Fertig stellen** den Dialog **QuickStep bearbeiten** schließen.

QuickSteps ausführen

Tipp 043

Ist ein QuickStep erstmal eingerichtet (siehe den vorherigen Tipp), lässt er sich schnell anwenden. Hierzu markieren Sie einfach die E-Mail und klicken dann im Register **Start** in der Gruppe **QuickSteps** auf den gewünschten QuickStep 1. Ist er in der Liste nicht gleich sichtbar, klicken Sie auf **Weitere** 2. In unserem Beispiel öffnet sich sofort das Nachrichtenfenster zum Beantworten der E-Mail. Die Nachricht wird beim Senden nicht nur an alle E-Mail-Adressen verschickt, sondern anschließend auch in den für den QuickStep ausgewählten Ordner verschoben.

QuickSteps bearbeiten oder löschen

Tipp 044

Möchten Sie einen erstellten QuickStep (siehe Tipp 042 »Arbeitsschritte in QuickSteps zusammenfassen« ab Seite 61) bearbeiten oder auch löschen, wählen Sie nach einem Klick auf **Weitere** 2 den Befehl **QuickSteps verwalten**. Im folgenden Dialog lässt sich über die Pfeiltasten 3 auch die Reihenfolge verändern, in der die QuickSteps in der Liste angezeigt werden.

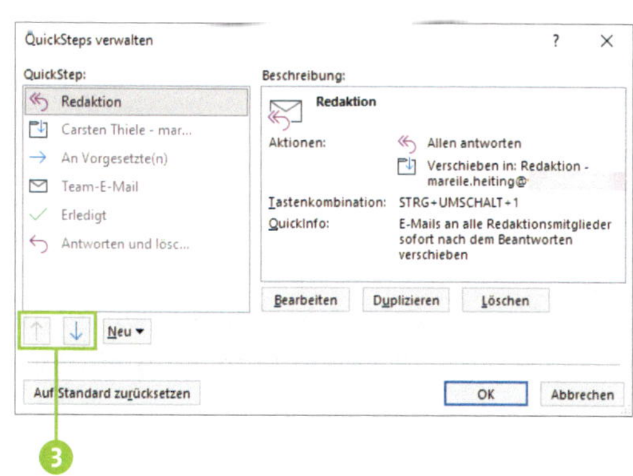

Tipp 045 Häufig benötigte Textpassagen als Schnellbaustein speichern

Nicht nur Arbeitsschritte wie das Verschieben oder auch Kategorisieren von E-Mails lassen sich in Outlook automatisieren. Mithilfe von *Schnellbausteinen* können Sie sich viel Tipparbeit sparen, indem Sie mit nur einem Mausklick immer wieder benötigte Textpassagen in E-Mails einfügen. Und so erstellen Sie einen Schnellbaustein:

1. Klicken Sie im E-Mail-Modul im Register **Start** auf **Neue E-Mail**. Geben Sie den gewünschten Text in das Nachrichtenfenster ein, und formatieren Sie ihn, falls gewünscht.
2. Markieren Sie den Text ①. Wechseln Sie in das Register **Einfügen** ②, und rufen Sie hier in der Gruppe **Text ▸ Schnellbausteine** ③ **▸ Auswahl im Schnellbaustein-Katalog speichern** ④ auf.

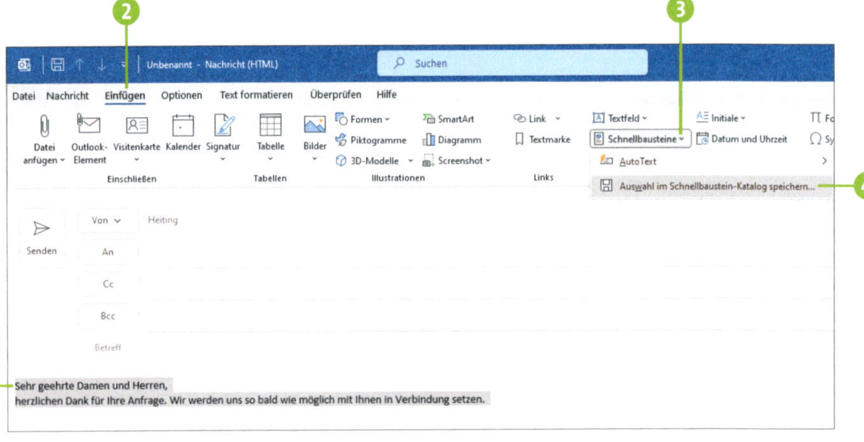

3. Im Dialog **Neuen Baustein erstellen** vergeben Sie einen aussagekräftigen Namen für den Schnellbaustein. Die Voreinstellung **Schnellbausteine** behalten Sie im Feld **Katalog** bei.

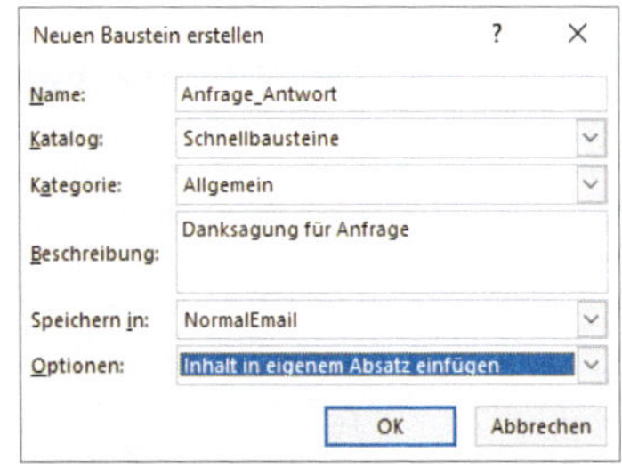

4. Sollten Sie mehrere Schnellbausteine anlegen wollen, ist es sinnvoll, diese zu kategorisieren. Nach einem Klick in das Feld **Kategorie** können Sie hierzu eine **Neue Kategorie** anlegen.
5. Tragen Sie im Feld **Beschreibung** eine kurze Information ein. Diese wird später als QuickInfo eingeblendet, wenn Sie den Mauszeiger im Menüband auf den entsprechenden Schnellbaustein setzen.
6. Den Speicherort des Schnellbausteins behalten Sie bei. Soll der Text in einem eigenen Absatz in die E-Mail eingefügt werden, wählen Sie im Feld Optionen **Inhalt in eigenem Absatz einfügen**.
7. Beenden Sie den Dialog mit **OK**. Das geöffnete Nachrichtenfenster können Sie schließen. Die Nachfrage, ob Änderungen gespeichert werden sollen, beantworten Sie mit **Nein**.

Schnellbaustein einfügen

Tipp 046

Alle erstellten Schnellbausteine erreichen Sie im Register **Einfügen** in der Gruppe **Text** über die Schaltfläche **Schnellbausteine**. Bevor Sie den Text im Nachrichtenfenster einfügen, stellen Sie sicher, dass sich der Mauszeiger an der gewünschten Position befindet. Wer nicht den Weg über das Menüband gehen möchte, gibt im Nachrichtenfenster einfach den Namen des Schnellbausteins an. Wird Ihnen der gewünschte Text in einer Quickinfo eingeblendet, drücken Sie einfach die Taste [↵]. Der Name wird sofort durch den Inhalt des Schnellbausteins ersetzt.

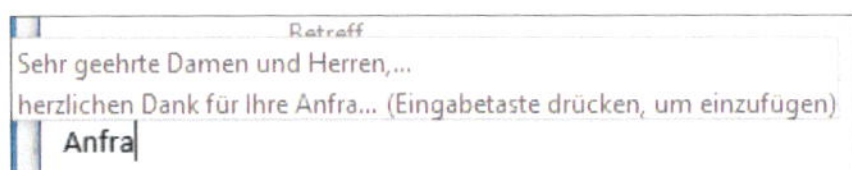

Den Inhalt eines Schnellbausteins korrigieren

Möchten Sie irgendwann einmal den Text eines Schnellbausteins ändern, müssen Sie zunächst ein leeres Nachrichtenfenster öffnen und hier den Schnellbaustein einfügen. Nehmen Sie die gewünschten Korrekturen vor, markieren Sie den Text, und speichern Sie ihn, wie in den Schritten 2 bis 7 ab Seite 64 gezeigt. Wichtig ist, dass Sie den gleichen Namen wählen wie bisher. Nach Schließen des Dialogs mit **OK** bestätigen Sie die Nachfrage, ob Sie den Baustein neu definieren möchten, mit **Ja**.

Tipp 047

Schnellbaustein löschen

Damit es in der Liste der Schnellbausteine nicht zu unübersichtlich wird, sollten Sie nicht mehr benötigte Schnellbausteine löschen. Klicken Sie hierzu im Register **Einfügen** in der Gruppe **Text** auf **Schnellbausteine** ❶. Nach einem rechten Mausklick auf den zu löschenden Schnellbaustein ❷ wählen Sie **Organisieren und löschen** ❸. Im Dialog **Organizer für Bausteine** ist der Schnellbaustein bereits links markiert. Ein Klick auf **Löschen** und **Ja** reicht, um ihn zu entfernen.

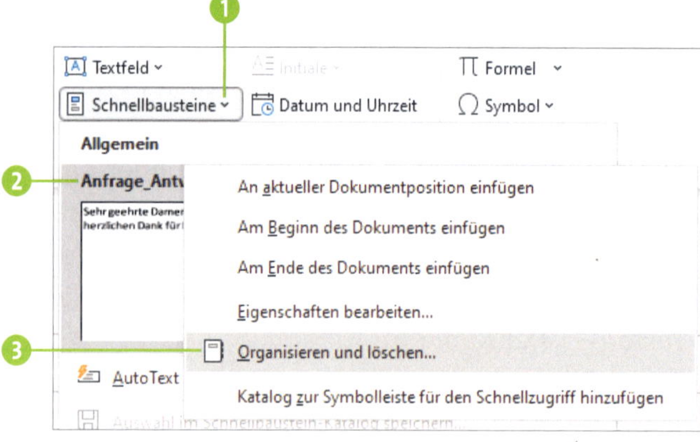

Hilfreiche Tricks für das Versenden von Nachrichten

Mit ein paar kleinen Tricks lässt sich das Versenden von E-Mails noch komfortabler gestalten.

Signatur mit Kontaktdaten erstellen

Tipp 048

Jede E-Mail, die Sie verschicken, sollte mit einer kurzen Grußformel sowie Ihren Kontaktdaten abgeschlossen werden. Um diesen Text nicht immer wieder selbst neu eingeben zu müssen, legen Sie hierfür am besten eine Signatur an.

1. Rufen Sie **Datei ▸ Optionen ▸ E-Mail** ① auf, und klicken Sie rechts auf **Signaturen** ②.

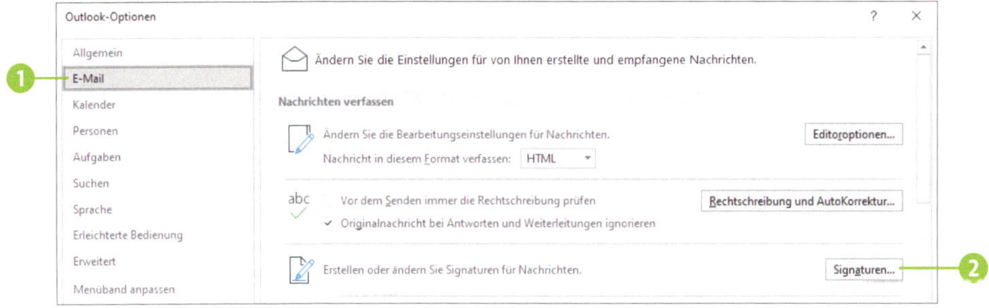

2. Im Feld **E-Mail-Konto** ③ legen Sie fest, für welches Konto die folgende Signatur gelten soll. Wenn Sie mehrere Konten am PC eingerichtet haben, können Sie so jedem Konto eine andere Signatur zuweisen.
3. Nach einem Klick auf **Neu** vergeben Sie einen Namen für die Signatur und bestätigen mit **OK**.

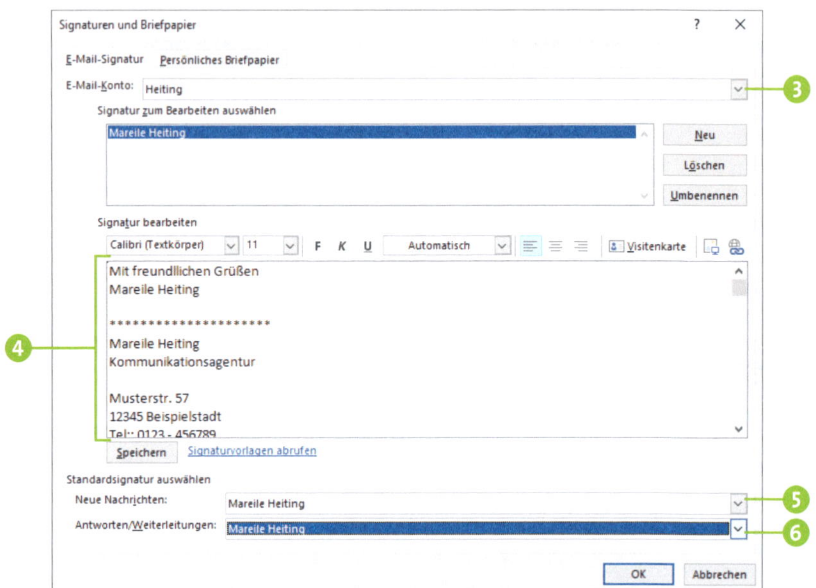

4. In das Feld **Signatur bearbeiten** ④ tragen Sie die Grußformel sowie die Kontaktdaten ein und formatieren den Text wie gewünscht.

5. Damit die Signatur automatisch an alle neu von Ihnen erstellten Nachrichten angefügt wird, klicken Sie unterhalb von **Standardsignatur auswählen** auf den Pfeil rechts vom Feld **Neue Nachrichten** ⑤ und markieren die gewünschte Signatur. Analog verfahren Sie im Feld **Antworten/Weiterleitungen** ⑥, wenn auch diese Art von E-Mails eine Signatur erhalten sollen.

6. Schließen Sie den Dialog mit **OK**, und kehren Sie wieder zum Register **Start** zurück.

In jedem Nachrichtenfenster, das Sie zukünftig zum Versenden einer E-Mail öffnen, wird jetzt automatisch die Signatur eingefügt. Sollten Sie den Text einmal ändern müssen, weil sich z.B. Ihre Telefonnummer geändert hat, wiederholen Sie

Schritt 1. Markieren Sie dann die gewünschte Signatur, und passen Sie den Text im Feld **Signatur bearbeiten** an.

Wichtige Informationen und Werbungen in der Signatur ergänzen

Ist Ihre Firma demnächst auf einer Messe vertreten? Oder gibt es neue Produkte von Ihrem Unternehmen? Dann nehmen Sie die Chance auf eine kostenlose Werbung wahr, und weisen Sie die Empfänger*innen am Ende des Signaturtextes darauf hin. Über das Symbol ❶ können Sie sogar Bilder in der Signatur ergänzen. Die Größe des Bildes sollten Sie mithilfe eines Bildbearbeitungsprogramms bereits vor dem Einfügen angepasst haben. Jeder Text, aber auch jede Grafik lässt sich in der Signatur außerdem noch mit einem Hyperlink versehen. Markieren Sie hierzu das Element, und klicken Sie auf das Symbol ❷. Im folgenden Dialog sollte links **Datei oder Webseite** ❸ markiert sein. Tragen Sie in das Feld **Adresse** ❹ die gewünschte Webadresse ein, und bestätigen Sie mit **OK**.

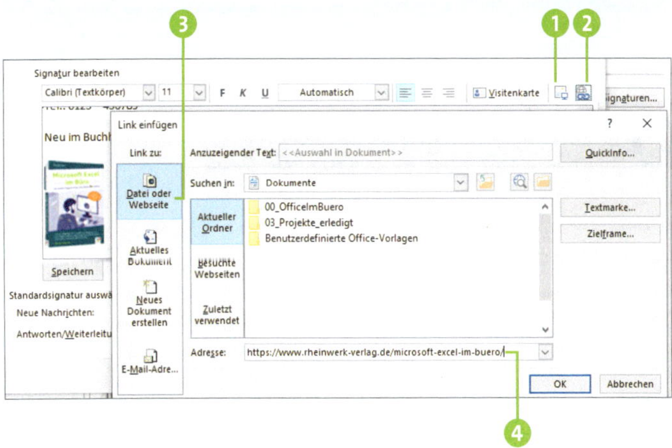

E-Mail-Übermittlung verzögern

Normalerweise verschicken Sie sicherlich jede E-Mail sofort, sobald Sie sie geschrieben haben. Doch was tun, wenn Sie eine Nachricht eigentlich erst am nächsten Tag versenden möchten, dann aber nicht im Büro sind? Ganz einfach: Nutzen Sie die *verzögerte Übermittlung*.

1. Schreiben Sie die E-Mail wie gewohnt. Bevor Sie auf **Senden** klicken, wechseln Sie in das Register **Optionen** und klicken hier in der Gruppe **Weitere Optionen** auf **Übermittlung verzögern** ①.

2. Im Dialog **Eigenschaften** muss das Kästchen **Übermittlung verzögern bis** ② aktiviert sein. Stellen Sie dann in den beiden entsprechenden Feldern das Datum sowie die Uhrzeit ein, zu der die Nachricht tatsächlich verschickt werden soll.

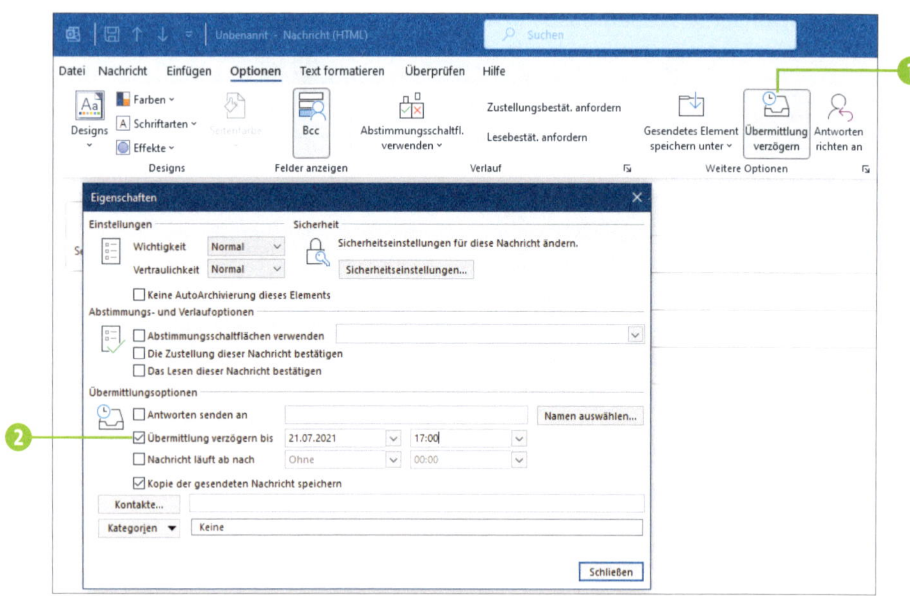

3. Schließen Sie den Dialog **Eigenschaften**, und senden Sie die Nachricht wie sonst auch per Klick auf die entsprechende Schaltfläche.

Outlook verschickt die Nachricht zum vorgegebenen Zeitpunkt. Nutzen Sie ein POP3-Konto, muss hierfür allerdings Outlook gestartet sein. Ist Ihr E-Mail-Konto auf einem Exchange Server eingerichtet, wie es bei vielen Unternehmen der Fall ist, muss diese Bedingung nicht erfüllt sein.

Adresse für E-Mail-Antworten ändern

Tipp 050

Sie verschicken eine E-Mail, die Antwort auf diese Nachricht soll aber nicht an Sie, sondern an eine Kollegin gehen? Auch das lässt sich vor dem Versenden einer E-Mail schnell festlegen:

1. Verfassen Sie wie gewohnt die Nachricht. Vor dem Versenden blenden Sie das Register **Optionen** ein.
2. Klicken Sie in der Gruppe **Weitere Optionen** auf **Antworten richten an** ①.
3. Stellen Sie sicher, dass **Antworten senden an** ② mit einem Häkchen versehen ist. Tragen Sie in das nächste Feld die E-Mail-Adresse ein, an die die Antwort geschickt werden soll. Haben Sie die Person in Outlook als Kontakt gespeichert, können Sie die Adresse auch nach einem Klick auf **Namen auswählen** ③ in der Liste markieren.
4. Beenden Sie den Dialog mit **Schließen**, und versenden Sie die E-Mail wie gewohnt.

Wenn der/die Empfänger*in Ihre E-Mail beantwortet, wird als Adresse nun nicht mehr Ihre eigene im Feld **An** angezeigt, sondern die von Ihnen soeben aufgeführte.

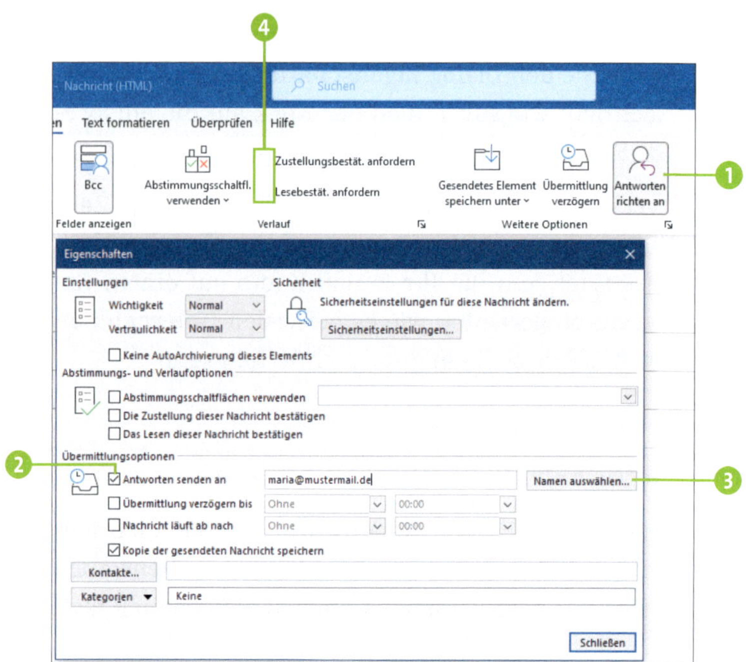

Qual oder Segen: Übermittlungs- und Lesebestätigungen anfordern

Vor dem Versenden von E-Mails können Sie noch festlegen, ob bei erfolgreicher Übermittlung eine Bestätigung an Sie geschickt werden soll. Gleiches lässt sich auch einfordern, sobald die E-Mail gelesen wurde. Die beiden Kästchen, mit denen Sie die Bestätigungen einfordern 4, aktivieren Sie nach Verfassen der Nachricht im Register **Optionen** in der Gruppe **Verlauf**. Während die Übermittlungsbestätigung vom E-Mail-Server automatisch geschickt wird, hat der/die Empfänger*in bei der Lesebestätigung die Möglichkeit, diese abzulehnen. Lesebestätigungen sollten deshalb mit Augenmaß eingefordert werden. Kaum ein Chef wird begeistert sein, wenn er jede Statusmeldung seiner Mitarbeitenden auch bestätigen soll. Bei Mahnungen an Kunden könnte die Funktion dagegen angesagt sein.

Eine E-Mail-Umfrage mit Outlook starten

Tipp 051

So manch eine E-Mail dient eigentlich nur dazu, von den Kolleginnen und Kollegen schnell eine Zustimmung oder auch eine Ablehnung für eine bestimmte Aktion zu erhalten. Damit diese nicht erst umständlich eine Antwort formulieren müssen, erleichtern Sie ihnen die Arbeit mithilfe einer kurzen E-Mail-Umfrage. Der Vorteil für Sie selbst: Sie sehen sofort, wer bereits geantwortet hat, und können sich das Ergebnis der Umfrage übersichtlich in Outlook anzeigen lassen. Voraussetzung für die Nutzung dieser Funktion ist, dass alle Beteiligten das Programm Outlook nutzen.

Abstimmungsschaltflächen in eine E-Mail einfügen

Tipp 052

In unserem Beispiel möchten wir von den Kolleginnen und Kollegen erfahren, an welchem der drei vorgegebenen sportlichen Schnupperkurse sie gerne teilnehmen möchten.

1. In Ihrer Nachricht sollten Sie auf die Abstimmung hinweisen und kurz erklären, worum es dabei geht.
2. Bevor Sie die E-Mail versenden, klicken Sie im Register **Optionen** in der Gruppe **Verlauf** auf **Abstimmungsschaltfl. verwenden** ①.
3. Markieren Sie in der aufklappenden Liste die gewünschte Option. Zur Auswahl stehen **Genehmigt;Abgelehnt**, **Ja;Nein**, **Ja;Nein;Vielleicht** und **Benutzerdefiniert**. Letzteres ② benötigen wir für unsere Umfrage, da wir als Antworten die drei Sportarten vorgeben möchten. Reicht Ihnen eine der drei anderen Optionen, können Sie jetzt natürlich auch diese einfach auswählen. In diesem Fall geht es für Sie bei Schritt 5 weiter.

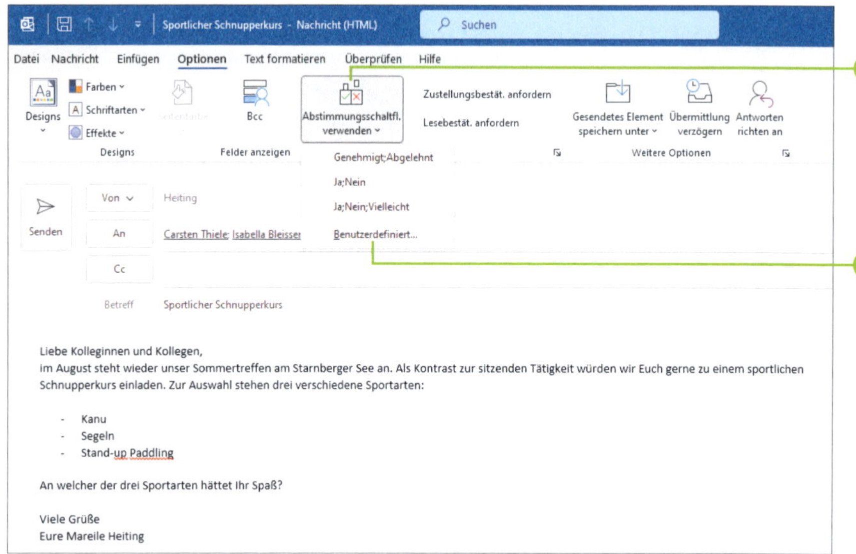

4. Im Dialog **Eigenschaften** ist **Abstimmungsschaltflächen verwenden** 3 bereits aktiviert. Enthält das Feld dahinter bereits Einträge, markieren Sie diese und überschreiben sie mit den Namen der von Ihnen benötigten Abstimmungsschaltflächen. Die einzelnen Begriffe werden durch ein Semikolon voneinander getrennt. Schließen Sie den **Eigenschaften**-Dialog.

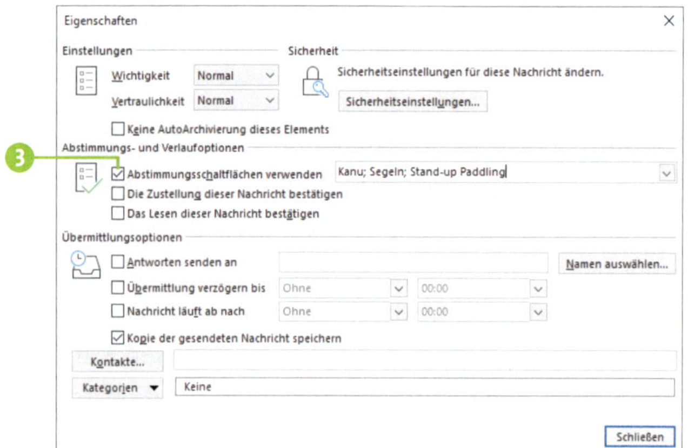

5. Im Nachrichtenfenster wird nur der Hinweis eingeblendet, dass Sie Abstimmungsschaltflächen eingefügt haben. Verschicken Sie die E-Mail per Klick auf **Senden**.

E-Mail-Umfrage beantworten

Tipp 053

Was die Empfänger*innen Ihrer E-Mail (siehe den vorherigen Tipp) nun zu Gesicht bekommen, hängt von der Darstellung ab, die sie für die Nachricht wählen. Wird die E-Mail über den Lesebereich angezeigt, erscheint auch hier nur der Hinweis auf die Abstimmungsschaltflächen 1. Nach einem Klick hierauf werden die Antwortmöglichkeiten eingeblendet, im Beispiel also die drei Sportarten.

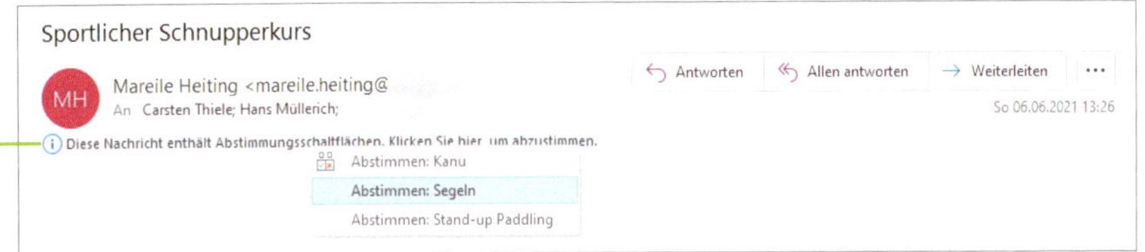

Die Person muss nun nur noch die gewünschte Antwort auswählen. Anschließend hat sie die Wahl, die **Antwort sofort zu senden** oder, falls sie noch ein paar eigene Worte hinzufügen möchte, die **Antwort vor dem Senden zu bearbeiten**. In diesem Fall wird ein Nachrichtenfenster geöffnet, in dem der Antworttext ergänzt werden kann.

Öffnet die Person die E-Mail per Doppelklick, erscheint im Nachrichtentext der Hinweis, dass sie in der Gruppe **Antworten** den Befehl **Abstimmen** 2 aufrufen soll. Nach Auswahl der Antwort besteht auch hier die Möglichkeit, die Antwort sofort zu senden oder zuvor zu bearbeiten.

Tipp 054

Abstimmungsresultate anzeigen

Sobald ein/eine E-Mail-Empfänger*in Ihre Umfrage beantwortet hat, erhalten Sie auch schon eine E-Mail. Im Betreff sehen Sie sofort die Antwort 1. Wenn Sie sich den Status der Umfrage ansehen möchten, blenden Sie die E-Mail im Lesebereich ein. Klicken Sie dort auf den Hinweis **Die Antwort des Absenders war ...** 2 und dann auf **Abstimmungsresultate anzeigen**.

Im folgenden Dialog werden alle Empfänger*innen der E-Mail und ihre Antworten aufgelistet. Oberhalb dieser Liste finden Sie eine Zusammenfassung der Umfrageergebnisse 3. Um zum Nachrichtentext zurückzukehren, klicken Sie in der Gruppe **Anzeigen** auf **Nachricht** 4.

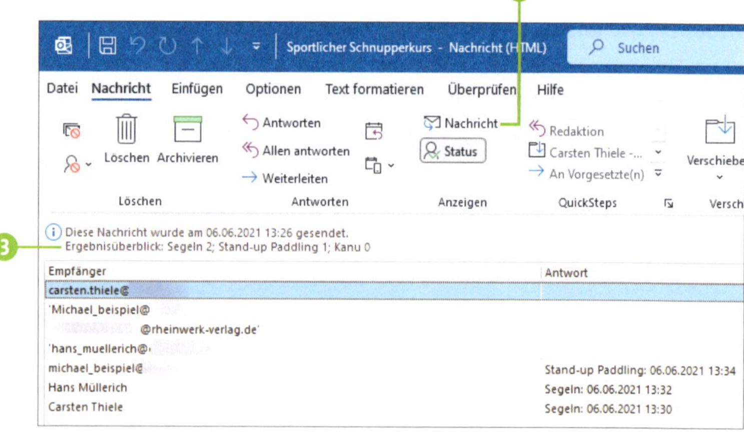

Abwechslungsreiche Texte dank Thesaurus

Manchmal fehlen einem einfach die Worte. Liest man den Text der E-Mail anschließend durch, hat man das Gefühl, in jedem Satz die gleichen Formulierungen gewählt zu haben. Suchen Sie nach einer Alternative für ein Wort, hilft Ihnen die Funktion *Thesaurus* sehr gut weiter. Markieren Sie hierzu in der E-Mail das Wort, für das Sie eine Alternative suchen. Wechseln Sie dann in das Register **Überprüfen**, und klicken Sie hier auf die Schaltfläche **Thesaurus** (1). Am rechten Rand des Nachrichtenfensters wird nun der Aufgabenbereich Thesaurus eingeblendet. In der Spalte finden Sie alle Alternativen zu Ihrem markierten Wort. Ein Klick auf eine der Varianten reicht, und schon wird Ihr Begriff entsprechend ersetzt. Den Aufgabenbereich können Sie anschließend mit einem Mausklick auf das Kreuzsymbol in der rechten oberen Ecke (2) schließen. Die Thesaurus-Funktion steht Ihnen übrigens nicht nur in Outlook zur Verfügung, Sie finden sie auch in Word im Register **Überprüfen**.

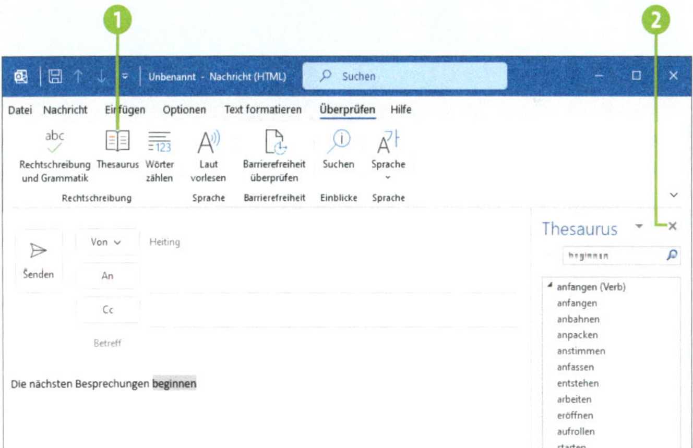

Kontaktpflege mit Outlook

Einen E-Mail-Absender blitzschnell in die Outlook-Kontakte aufnehmen

Ein Großteil der Kommunikation findet heutzutage auf elektronischem Wege statt, wie etwa per E-Mail. Somit ist es selbstverständlich, dass auch die Kontaktdaten digital erfasst werden. In diesem Kapitel erfahren Sie, wie Sie ohne viel Tipparbeit Ihre Kontakte in Outlook speichern, praktische elektronische Visitenkarten erstellen und Kontakte in Gruppen zusammenfassen.

Kontakt anhand der Signatur speichern

Tipp 055

Angenommen, Sie haben eine E-Mail von einer Person erhalten, die Sie gerne in Ihre Outlook-Kontakte aufnehmen möchten. Wie gehen Sie hierzu vor? Die meisten Nutzer klicken mit der rechten Maustaste auf die E-Mail-Adresse in der E-Mail selbst und wählen im Kontextmenü **Zu Outlook-Kontakten hinzufügen**. Dieser Weg ist aber nicht der schnellste. Outlook ergänzt dabei zwar bereits den Namen und die E-Mail-Adresse in den Feldern des Kontaktformulars, alle weiteren Daten müssen Sie aber manuell hinzufügen. Besonders ärgerlich wird es, wenn sich beim Tippen etwa der Telefonnummer auch noch ein Tippfehler einschleicht.

Hat der E-Mail-Absender am Ende der Nachricht eine Signatur mit seinen Adressdaten hinzugefügt, können Sie all die Daten weitaus bequemer erfassen:

1. Blenden Sie in Outlook den Inhalt der E-Mail ein. Markieren Sie alle Adressdaten des Absenders ①.

2. Ziehen Sie den markierten Text mit gedrückter linker Maustaste im Navigationsbereich auf **Personen** . In älteren Outlook-Versionen wird das Modul *Personen* als *Kontakte* bezeichnet.

Sobald Sie die Maustaste loslassen, wird automatisch der Dialog **Unbenannt – Kontakt** geöffnet. Im Notizfeld finden Sie die zuvor markierten Adressdaten. Diese werden nun nach und nach in die Adressfelder links verschoben.

3. Markieren Sie den Namen ②, und ziehen Sie ihn mit gedrückter linker Maustaste in das Feld **Name** ③. Sobald Sie die Taste loslassen, wird der Name dort eingefügt und im Notizfeld gelöscht.

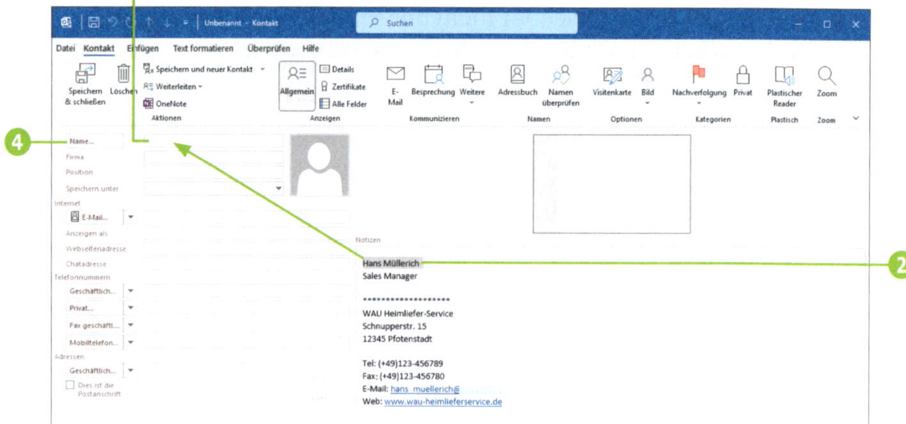

4. Um zu überprüfen, ob Outlook die Bestandteile des Namens richtig zugeordnet hat, klicken Sie auf **Name** 4.

5. Korrigieren Sie im Dialog **Namen überprüfen** falls nötig die Daten. Sollten Sie die Kontaktdaten später eventuell für einen Serienbrief nutzen wollen (siehe auch den Abschnitt »Gewusst, wie – Serienbriefe gekonnt erstellen« ab Seite 139), ist es sinnvoll, hier zudem eine **Anrede** zu ergänzen 5. Bestätigen Sie mit **OK**.

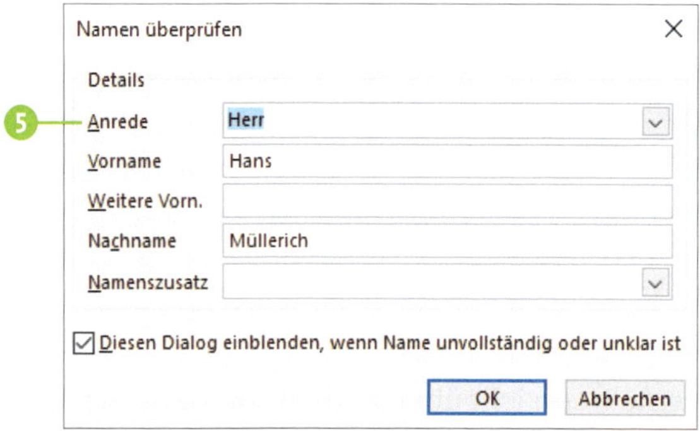

6. Wiederholen Sie die Schritte 3 bis 5 mit allen weiteren Adressdaten.

7. Den übrig gebliebenen Text im Notizfeld, den Sie keinem Adressfeld zuordnen können, löschen Sie einfach 6. Stattdessen können Sie hier wichtige Informationen zur Person ergänzen. Arbeitet diese z. B. nur an bestimmten Wochentagen? Dann notieren Sie dies im Notizfeld.

8. Liegen Ihnen noch weitere Informationen zur Person vor (z. B. eine Handynummer), die nicht in der Signatur enthalten waren, sollten Sie diese manuell ergänzen 7.

9. Mit einem Klick auf **Speichern & schließen** 8 sichern Sie den Kontakt. In Outlook wird wieder das Modul **E-Mail** angezeigt.

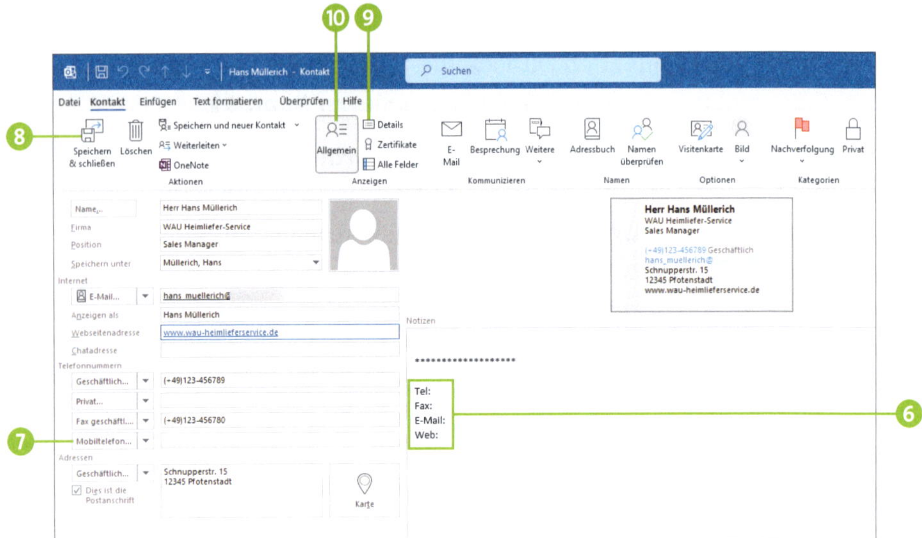

Tipp 056

Übersicht über Kontakte anzeigen

Wenn Sie sich eine Übersicht über all Ihre Kontakte anzeigen lassen möchten, reicht ein Klick auf das Symbol **Personen**, und schon befinden Sie sich im entsprechenden Outlook-Modul. Die einzelnen Kontakte werden meist in Form von Visitenkarten aufgelistet. Was es damit auf sich hat und welchen Nutzen Ihnen die Visitenkarten bringen, erfahren Sie im nächsten Abschnitt.

Kontaktdaten um wichtige Highlights ergänzen

Sie sind mit einer Person über das Netzwerk XING verbunden und haben so eventuell ihren Geburtstag in Erfahrung gebracht? Diese zusätzlichen Informationen können Sie ebenfalls in den Kontaktdaten in Outlook speichern. Doppelklicken Sie im Modul **Personen** auf den gewünschten Kontakt. Rufen Sie im Register **Kontakt** in der Gruppe **Anzeigen** die **Details** 9 auf. In den nun sichtbaren Feldern können Sie so einige

Informationen rund um die Kontaktperson ergänzen. Das reicht vom Spitznamen über den Namen des Vorgesetzten bis hin zum Geburtstag. Mit einem Klick auf **Allgemein** ⑩ gelangen Sie wieder zur vorherigen Ansicht zurück. Vergessen Sie nicht, die Änderungen mit **Speichern & schließen** ⑧ zu übernehmen. Outlook zeigt Ihnen übrigens die Geburtstage Ihrer Kontakte im Kalender an.

Eine elektronische Visitenkarte erstellen und verschicken

Sicherlich ist Ihnen beim Hinzufügen eines neuen Kontakts in Outlook bereits die Visitenkarte aufgefallen, die im Kontaktformular oben rechts angezeigt wird. Sie ist nicht nur nett anzusehen, dahinter verbirgt sich auch eine ausgesprochen praktische Funktion. Denn diese Visitenkarte lässt sich blitzschnell per E-Mail versenden. Benötigt eine Kollegin also z. B. die Adressdaten eines Lieferanten, können Sie ihr diese als Visitenkarte weiterleiten – vorausgesetzt natürlich, Sie haben den Lieferanten bereits selbst als Kontakt gespeichert. Mit wenigen Mausklicks kann Ihre Kollegin nun die Adressdaten in ihren eigenen Outlook-Kontakten speichern – und das ganz ohne Tipparbeit oder Drag & Drop, wie im vorherigen Abschnitt gezeigt.

Globale Adressliste in Unternehmen nutzen

In Firmen, in denen ein Microsoft Exchange Server zum Einsatz kommt, werden die Kontaktdaten der Mitarbeitenden wie Name, E-Mail-Adresse und Telefonnummern meist in einer globalen Adressliste gespeichert. Nur die IT-Abteilung kann hier Daten hinzufügen oder löschen, die Mitarbeitenden selbst nicht. Sie haben aber Zugriff auf alle Kontakte und können diese wiederum in der eigenen Kontaktliste in Outlook speichern.

Tipp 057 Eine Visitenkarte anlegen

Eine Visitenkarte bietet sich natürlich auch an, um die eigenen Kontaktdaten weiterzureichen. Und so funktioniert's:

1. Haben Sie Ihre eigenen Adressdaten noch nicht als Kontakt in Outlook gespeichert, holen Sie dies jetzt nach. Drücken Sie hierzu die Tastenkombination Strg + ⇧ + C.

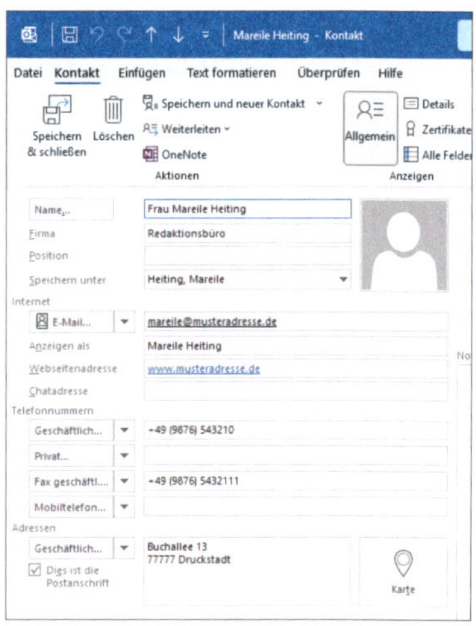

2. Füllen Sie die Felder des leeren Kontaktformulars mit den Daten aus, die Sie an andere weiterreichen möchten. Dazu zählen sicherlich Ihr Name, die Firma, E-Mail-Adresse und Webadresse der Firma, Telefonnummern und die Postanschrift.
3. **Speichern & schließen** Sie das Formular.

Tipp 058 Aussehen der Visitenkarte anpassen

Mit jedem Feld, das Sie füllen, wird auch die Visitenkarte oben rechts voller. Die Darstellung der Daten ist nicht sehr gelungen, was sich aber schnell ändern lässt. Das gilt natürlich nicht nur für Ihre eigene Visitenkarte, sondern auch für alle anderen Kontakte, die Sie in Outlook speichern.

1. Öffnen Sie im Modul **Personen** das Kontaktformular des Kontakts, dessen Visitenkarte Sie anpassen möchten. In unserem Beispiel führen Sie also einen Doppelklick auf Ihren eigenen Kontakt aus. Die Ansicht der Kontakte können Sie im Modul **Personen** übrigens im Register **Start** in der Gruppe **Aktuelle Ansicht** festlegen. Zur Auswahl stehen z. B. die Darstellung als Liste (**Personen**) oder auch als **Visitenkarte**. 
2. Im Kontaktformular doppelklicken Sie auf die Visitenkarte, um den Dialog **Visitenkarte bearbeiten** zu öffnen.

Heiting, Mareile
Frau Mareile Heiting
Redaktionsbüro
+49 (9876) 543210 Geschäftlich
mareile@musteradresse.de
Buchallee 13
77777 Druckstadt
www.musteradresse.de

3. Wem die Optik besonders wichtig ist, der kann im Bereich **Kartenentwurf** z. B. den **Hintergrund** ❶ der Visitenkarte verändern.
4. Im Bereich **Felder** wird die Reihenfolge der Elemente der Visitenkarte festgelegt. Sollen entgegen Outlooks Vorschlag z. B. erst die Postanschrift und dann die Telefonnummern, E-Mail-Adressen und mehr aufgeführt werden? Dann markieren Sie **Adresse geschäftlich** ❷. Über den nach oben weisenden Pfeil ❸ verschieben Sie das Element schrittweise nach oben. Das Ergebnis können Sie gleich in der Vorschau ❹ begutachten.
5. Wünschen Sie zwischen zwei Zeilen eine Leerzeile, verschieben Sie einfach eine **Leere Zeile** ❺, von der im unteren Bereich der **Felder** einige zur Auswahl stehen, entsprechend nach oben.
6. Enthält die Visitenkarte Informationen, die Sie nicht weiterreichen wollen? Markieren Sie das entsprechende

Element im Bereich **Felder**, und entfernen ⑥ Sie es. Im Kontaktformular selbst bleibt die Info erhalten, sie wird hierdurch nur in der Visitenkarte gelöscht.

7. Umgekehrt können Sie natürlich auch Elemente hinzufügen. Markieren Sie hierzu im Bereich **Felder** die Zeile, unter der das neue Element ergänzt werden soll. Nach einem Klick auf **Hinzufügen** ⑦ wählen Sie die gewünschte Information aus.

8. Jedes im Bereich **Felder** markierte Element kann im Bereich **Bearbeiten** noch formatiert werden. Markieren Sie hier den Text, und weisen Sie eine andere Schriftfarbe zu, fetten Sie wichtigen Text, oder passen Sie den Schriftgrad an ⑧. Hier lässt sich auch der nicht sehr schöne Hinweis **Geschäftlich** ⑨ hinter der Telefonnummer löschen, indem Sie den Text im Feld **Beschriftung** entfernen.

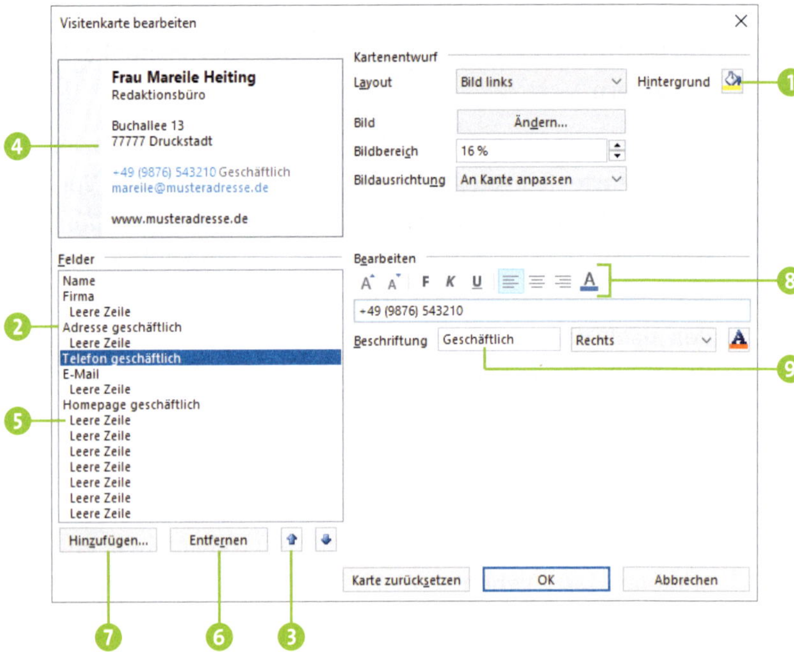

9. Mit **OK** übernehmen Sie all Ihre Einstellungen. Schließen Sie dann auch das Kontaktformular per Klick auf **Speichern & schließen**.

Visitenkarte aus dem Kontakte-Ordner heraus versenden

Tipp 059

Für das Versenden von Visitenkarten gibt es verschiedene Möglichkeiten. Welche Sie wählen, wird davon abhängen, in welchem Modul von Outlook Sie sich gerade befinden. Da in unserem Beispiel gerade das Modul **Personen** geöffnet ist, zeigen wir diesen Weg als Erstes:

1. Klicken Sie im Modul **Personen** im Anzeigebereich mit der rechten Maustaste auf den Kontakt, dessen Visitenkarte Sie per E-Mail weiterreichen möchten.
2. Im Kontextmenü wählen Sie **Kontakt weiterleiten ▸ Als Visitenkarte**.

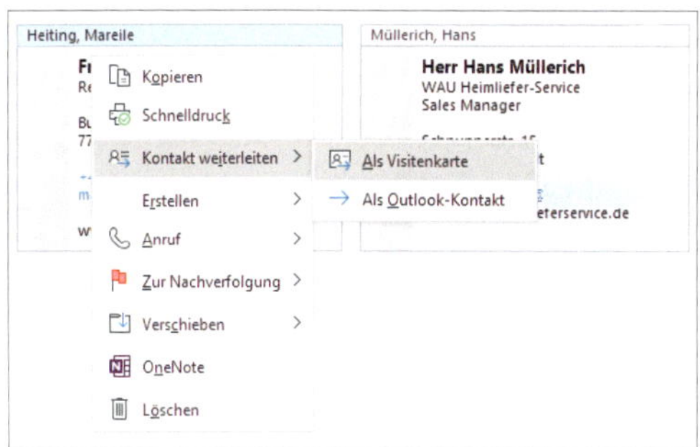

3. Das Ihnen gut bekannte Nachrichtenfenster zum Versenden einer E-Mail wird geöffnet. Die Signatur wird sowohl im Nachrichtentext angezeigt als auch als *.vcf*-Datei an die E-Mail gehängt (siehe auch den Kasten »Visitenkarten in anderen E-Mail-Programmen

speichern« auf Seite 89). Schreiben Sie Ihre E-Mail, und senden Sie sie ab.

E-Mails automatisch mit Signatur und Visitenkarte versenden

Im Abschnitt »Hilfreiche Tricks für das Versenden von Nachrichten« ab Seite 67 haben Sie erfahren, wie Sie in Ihren E-Mails eine Signatur mit Ihren Kontaktdaten hinzufügen. Haben Sie, wie in Tipp 057 »Eine Visitenkarte anlegen« auf Seite 84 gezeigt, eine eigene Visitenkarte erstellt, können Sie diese ebenfalls ergänzen und dem/der Empfänger*in Ihrer E-Mail so das Speichern Ihrer Kontaktdaten erleichtern. Rufen Sie hierzu **Datei ▸ Optionen ▸ E-Mail ▸ Signaturen** auf. Wählen Sie die gewünschte Signatur zum Bearbeiten aus. Klicken Sie auf das Symbol **Visitenkarte**. Im Dialog **Visitenkarte einfügen** markieren Sie Ihren eigenen Kontakt. Schließen Sie die drei geöffneten Dialoge mit **OK**. Von jetzt an werden Ihre E-Mails nicht nur um die Signatur erweitert, sondern enthalten auch die Visitenkarte.

Tipp 060 Visitenkarte in E-Mail einfügen

Befinden Sie sich im Modul **E-Mail** und haben bereits Ihre E-Mail verfasst, gehen Sie vor dem Versenden folgendermaßen vor, um eine Signatur hinzuzufügen:

1. Positionieren Sie im Nachrichtentextfeld die Einfügemarke an der Stelle, an der die Visitenkarte eingefügt werden soll.

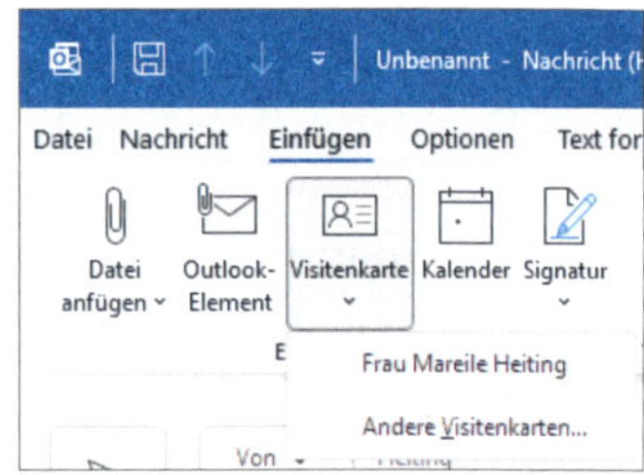

2. Klicken Sie im Register **Einfügen** in der Gruppe **Einschließen** auf **Visitenkarte**. Wählen Sie einen der aufgeführten Kontakte oder **Andere Visitenkarten...** aus. Markieren Sie den gewünschten Namen, und bestätigen Sie mit **OK**.
3. Mit einem Klick auf **Senden** verschicken Sie die E-Mail.

Visitenkarte zu Outlook-Kontakten hinzufügen

Tipp 061

Wenn jemand Ihre Nachricht empfängt (siehe den vorherigen Tipp), muss er nun nicht mehr viel tun. Arbeitet er mit Outlook, klickt er innerhalb der Nachricht einfach mit der rechten Maustaste auf die Visitenkarte. Im Kontextmenü wird nun nur noch der Befehl **Zu Outlook-Kontakten hinzufügen** gewählt, und schon ist der Kontakt mit all seinen Daten gespeichert.

Visitenkarten in anderen E-Mail-Programmen speichern

Nicht jeder nutzt das E-Mail-Programm Outlook. Dank der *.vcf*-Datei, die beim Versenden einer Visitenkarte automatisch mitgeschickt wird, können aber auch Personen, die andere Programme nutzen, die Kontaktdaten schnell speichern. Hierzu muss die Datei zunächst auf dem PC gespeichert und dann in das E-Mail-Programm importiert werden.

Kontakte in Gruppen zusammenfassen

Häufig muss man eine E-Mail gleich an mehrere Empfänger*innen versenden. Handelt es sich dabei immer wieder um dieselben Kontakte, bietet es sich an, hierfür eine eigene

Kontaktgruppe zu erstellen. Zukünftig reicht es dann, diese Kontaktgruppe als Empfänger der E-Mail auszuwählen statt jede E-Mail-Adresse einzeln. Die Kontaktgruppe ist schnell erstellt, wie Sie gleich sehen werden. Zusätzlich erfahren Sie, wie Sie die E-Mail-Adressen vor den Blicken der anderen Empfänger*innen verbergen. Dies ist aus Datenschutzgründen ausgesprochen wichtig.

Tipp 062

Eine Kontaktgruppe erstellen

Um eine Kontaktgruppe zu erzeugen, gehen Sie folgendermaßen vor:

1. Wechseln Sie in Outlook, falls noch nicht geschehen, in die Gruppe **Personen**. Besonders schnell gelingt dies mit dem Shortcut [Strg] + [3].
2. Klicken Sie im Register **Start** in der Gruppe **Neu** auf **Neue Kontaktgruppe**.
3. Im Dialog **Unbenannt – Kontaktgruppe** geben Sie zunächst einen Namen für die Kontaktgruppe ein ①.
4. Klicken Sie im Register **Kontaktgruppe** auf **Mitglieder hinzufügen**. Sowohl **Aus Outlook-Kontakten** als auch **Aus Adressbuch** ② führen Sie zum Dialog **Mitglieder auswählen: Kontakte**.

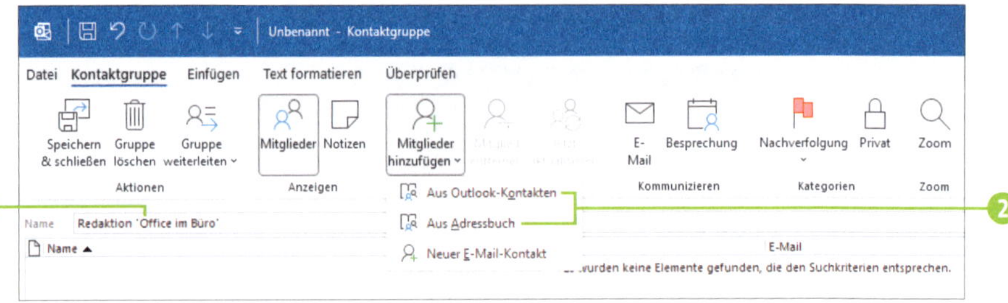

5. Mit einem Doppelklick auf die Adressen fügen Sie diese der Kontaktgruppe hinzu. Werden alle gewünschten Mitglieder im Feld unten aufgeführt, bestätigen Sie den Dialog mit **OK**.

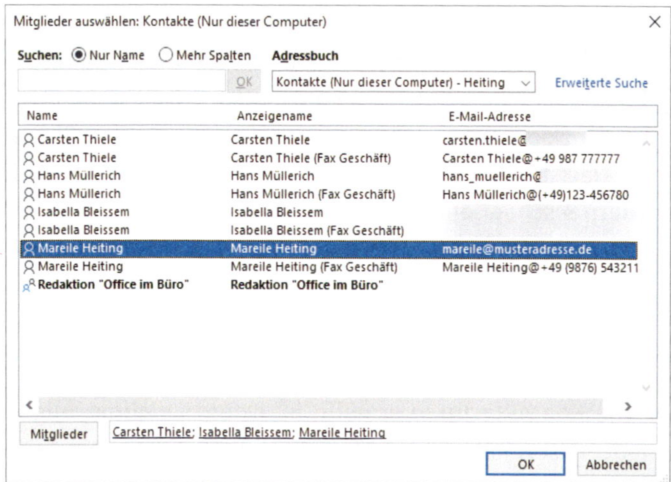

6. **Speichern & schließen** Sie den Dialog zur Erstellung einer Kontaktgruppe.

Die Kontaktgruppe bearbeiten

Tipp 063

Eine zuvor erstellte Kontaktgruppe (siehe den vorherigen Tipp) wird im Anzeigebereich wie ein Kontakt aufgeführt. Sollten Sie später noch weitere Kontakte hinzufügen oder welche entfernen wollen, doppelklicken Sie auf die Kontaktgruppe und nehmen dann die gewünschten Änderungen vor.

Kontaktdaten auch in der Kontaktgruppe aktuell halten

Ein Kollege erhält eine neue Telefonnummer, eine Firma zieht um? In einem solchen Fall müssen natürlich auch die Kontaktdaten entsprechend korrigiert werden. Sollte der Kontakt Teil einer Kontaktgruppe sein, werden diese Änderungen leider nicht automatisch in die Gruppe übernommen. Damit auch hier die aktuellen Daten vorliegen, rufen Sie die Kontaktgruppe per Doppelklick im Modul **Personen** auf. Klicken Sie dann im Register **Kontaktgruppe** auf **Jetzt aktualisieren**. **Speichern & schließen** Sie den Dialog wie gewohnt.

Tipp 064

E-Mail-Adressen für Empfänger verstecken

Ist die Kontaktgruppe erstellt, ist es ein Leichtes, allen Mitgliedern schnell eine E-Mail zu schicken. Als Empfängeradresse reicht die Angabe des Namens der Kontaktgruppe. Doch Vorsicht: Auch wenn im Adressfeld nur der Name der Kontaktgruppe zu sehen ist, können die Empfänger*innen trotzdem die Adressen der anderen Gruppenmitglieder sehen. Versenden Sie die Nachricht innerhalb Ihres Unternehmens, also an Kolleginnen und Kollegen, die natürlich untereinander ihre E-Mail-Adressen kennen, wäre dies nicht weiter schlimm. Anders sieht es aus, wenn die E-Mail auch an Personen außerhalb des Unternehmens adressiert ist. Denn aus Datenschutzgründen dürfen die einzelnen Empfänger*innen Ihrer E-Mail keinesfalls die Adressen der anderen sehen. Damit scheiden die beiden Felder **An** und **Cc** zum Einfügen der Adressen aus. Um die E-Mail-Adressen zu verstecken, gehen Sie folgendermaßen vor:

1. Wechseln Sie in Outlook in das Modul **E-Mail**. Mit dem Shortcut [Strg] + [1] ist dies schnell getan. Mit dem Shortcut [Strg] + [N] öffnen Sie ein leeres Nachrichtenfenster.

2. Die Adressen der Personen werden nun in das Feld **Bcc** eingetragen. Bcc steht für *Blind carbon copy*, zu Deutsch »Blindkopie«. Eventuell muss dieses aber erst eingeblendet werden.

   Ist das Feld **Bcc** nicht zu sehen, wechseln Sie in das Register **Optionen** und klicken hier auf **Bcc** (1).

3. Tippen Sie in das nun sichtbare Feld **Bcc** (2). Statt hier nun alle E-Mail-Adressen der Personen einzeln einzugeben, reicht es, den Namen der Kontaktgruppe einzutragen.

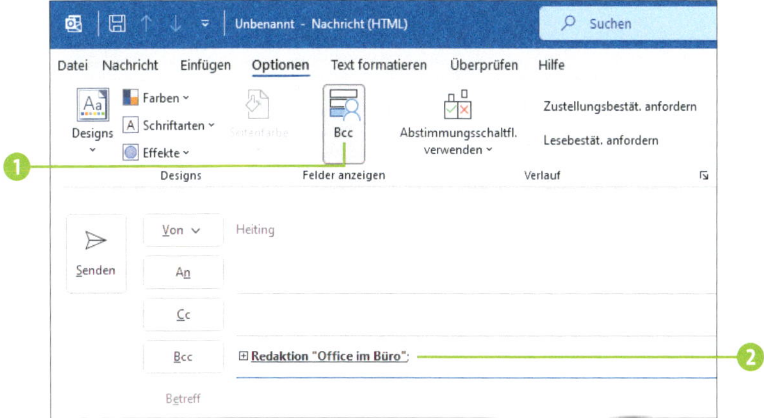

Schreiben Sie nun wie gewohnt Ihre E-Mail, und verschicken Sie diese. Alle Empfänger*innen der Nachricht sehen im Feld **An** lediglich die E-Mail-Adresse des Absenders, also Ihre. Die anderen Adressen werden nicht angezeigt.

Terminstress und To-do-Listen im Griff

Detaillierte Terminplanung mit dem Outlook-Kalender

Ein Termin reiht sich an den anderen. Hinzu kommen all die kleinen und großen Aufgaben, die man auch noch zu erledigen hat. Outlook hilft Ihnen, hier nicht den Überblick und damit womöglich auch die Nerven zu verlieren.

Einmal in Outlook die Tastenkombination [Strg] + [2] gedrückt oder in der Navigationsleiste auf das Symbol 1 geklickt, und schon befinden Sie sich im *Kalender*-Modul.

In den verschiedenen Ansichten navigieren

Tipp 065

Über die verschiedenen Ansichten in der Gruppe **Anordnen** des Registers **Start** können Sie sich eine Übersicht über den Tag, die Arbeitswoche, die gesamte Woche oder auch den Monat anzeigen lassen 2.

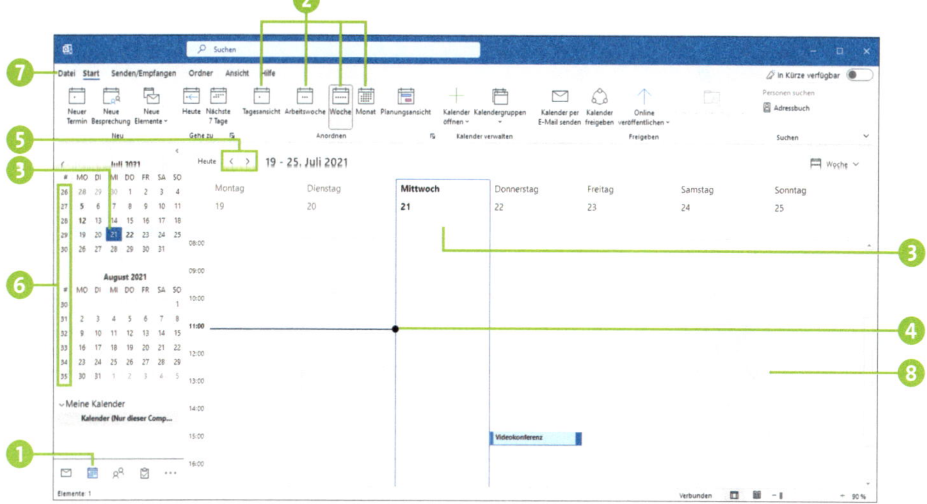

Zur optimalen Orientierung rahmt Outlook das aktuelle Datum 3 blau ein und zeigt die aktuelle Stunde mit einem schwarzen Punkt 4 an. Zur Navigation im Kalender nutzen Sie die kleinen Dreieckssymbole 5.

Wochennummern, Arbeitszeiten und Feiertage im Kalender anzeigen

Liefertermine werden häufig in Kalenderwochen angegeben. Die Abkürzung lautet meist KW; also z. B. KW 2 für die zweite Woche im Jahr. Damit die Kalenderwochen auch im Kalender angezeigt werden (6 auf Seite 95), rufen Sie **Datei** 7 ▸ **Optionen** ▸ **Kalender** auf. Aktivieren Sie dann rechts im Bereich **Anzeigeoptionen** die **Wochennummern in der Monatsansicht und im Datumsnavigator**. Im Bereich **Arbeitszeit** des gleichen Dialogs lässt sich außerdem angeben, zu welchen Zeiten Sie arbeiten. Dieser Zeitraum bleibt im Kalender weiß, während der Zeitraum außerhalb Ihrer Arbeitszeit hellgrau 8 hinterlegt wird. Damit auch Feiertage im Kalender gekennzeichnet werden, klicken Sie im Bereich **Kalenderoptionen** auf **Feiertage hinzufügen**. Versehen Sie das gewünschte Land mit einem Häkchen, und bestätigen Sie mit **OK**.

Tipp 066 Einen neuen Termin mit Details im Kalender eintragen

Viele tragen für anstehende Termine abgesehen von einem Namen lediglich die Uhrzeit und den Ort im Kalender ein. Das ist schade, denn es lassen sich zusätzlich zahlreiche Informationen rund um ein Meeting ergänzen, die Ihnen die Planung erleichtern.

Für Montag nächster Woche hat sich ein Kunde angemeldet? Um den Termin im Kalender zu speichern, gehen Sie so vor:

1. Klicken Sie im Kalender-Modul von Outlook im Register **Start** auf **Neuer Termin**.

2. Tragen Sie im Terminformular in das Feld **Titel** 1 eine kurze Bezeichnung des Termins ein und in das Feld **Ort** 2 den Veranstaltungsort. Diese beiden Angaben erscheinen später auch in der Kalenderübersicht.

3. In den Feldern **Beginn** und **Ende** legen Sie fest, in welchem Zeitrahmen der Termin stattfindet 3. Handelt es sich um ein ganztägiges Ereignis, aktivieren Sie das gleichnamige Kästchen 4.

4. Der Termin wird voraussichtlich in regelmäßigen Abständen stattfinden? Nach einem Klick auf **Serientyp** 5 geben Sie im Dialog **Terminserie** alle Details zum **Serienmuster** 6 an, legen ggf. noch die **Seriendauer** im gleichnamigen Feld 7 fest und bestätigen mit **OK**.

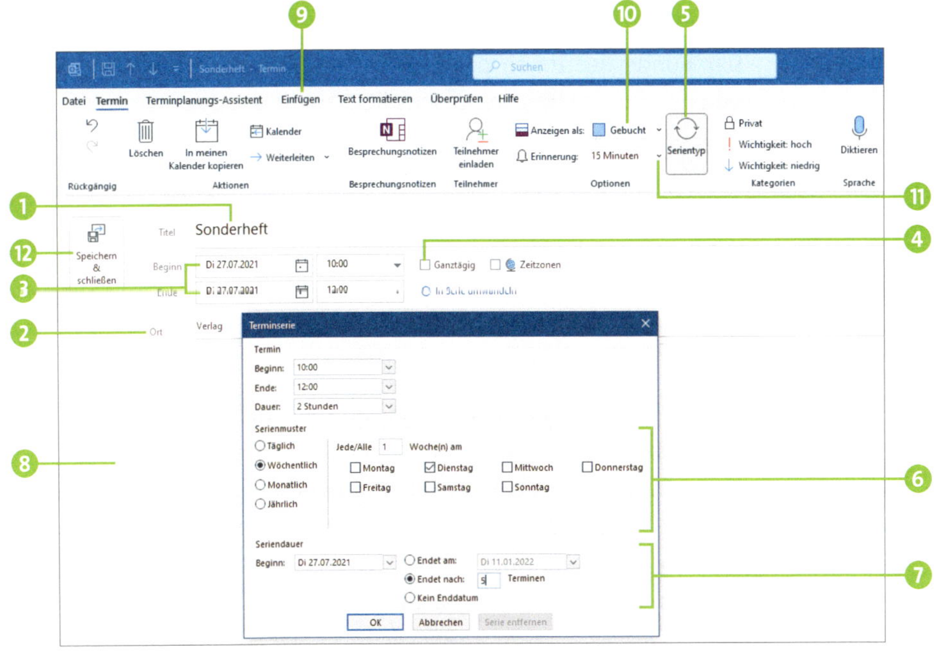

5. Das Feld **Notizen** ⑧ bietet Platz für kleine Erinnerungsstützen. Über das Register **Einfügen** ⑨ lassen sich sogar Dateien, Bilder und mehr in den Termin einfügen (siehe auch den Kasten »E-Mails in Termine einfügen« auf dieser Seite). Später reicht ein Doppelklick auf den Termin im Kalender, und Sie haben alle Informationen zur Hand.

6. Um den Kolleginnen und Kollegen die Terminplanung zu erleichtern, sollten Sie im Feld **Anzeigen als** ⑩ angeben, ob der Termin z. B. außer Haus stattfindet. Sie finden das Feld im Register **Termin** in der Gruppe **Optionen**. In der gleichen Gruppe legen Sie auch fest, wann Outlook Sie an den Termin erinnern soll ⑪.

7. Haben Sie alle notwendigen Angaben vorgenommen, übernehmen Sie den Termin mit **Speichern & schließen** ⑫ in Ihren Kalender.

E-Mails in Termine einfügen

Der Kunde hat Ihnen per E-Mail eine Liste mit Programmpunkten für das Meeting geschickt. Damit diese gar nicht erst verloren gehen, hängen Sie sie an den Termin an. Hierzu wählen Sie im Terminformular im Register **Einfügen** in der Gruppe **Einschließen** das **Outlook-Element**.

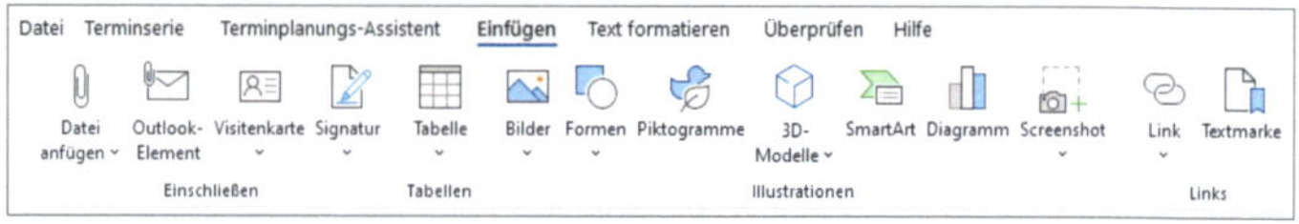

Markieren Sie im folgenden Dialog im Feld **Suchen in** den Ordner, in dem sich die Nachricht befindet (z. B. den **Posteingang**), und die Nachricht dann im Feld **Elemente**. Mit **OK** schließen Sie den Dialog. Wenn Sie den Termin später per Doppelklick auf den Kalendereintrag öffnen, können Sie sofort ebenfalls per Doppelklick auf die eingeschlossene E-Mail zugreifen.

Analog lässt sich eine E-Mail auch an eine Aufgabe hängen (zum Thema Aufgaben siehe auch den Abschnitt »Aufgaben perfekt geplant mit Outlook« ab Seite 104).

Termin ändern oder löschen

Tipp 067

Dem Kunden oder Ihnen ist etwas dazwischengekommen, der Termin muss verschoben werden? In diesem Fall öffnen Sie das Terminformular per Doppelklick auf den entsprechenden Eintrag im Kalender. Passen Sie die Zeiten an, und bestätigen Sie die neuen Angaben mit **Speichern & schließen**. Muss der Termin ganz abgesagt werden, reicht es, den Termin im Kalender zu markieren und dann die Taste Entf zu drücken.

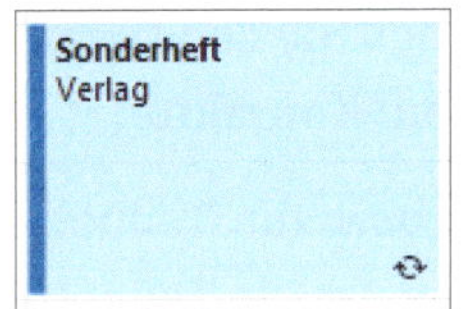

Meetings mit Kollegen planen

Bei vielen Terminen handelt es sich um Besprechungen innerhalb eines Unternehmens. Müssen Sie eine solche Konferenz planen, können Sie gleich zwei Fliegen mit einer Klappe schlagen: Während Sie den Termin in den Kalender eintragen, senden Sie zugleich eine Einladung zur Besprechung an die entsprechenden Personen.

Eine Besprechungsanfrage verschicken

Tipp 068

Um alle Teilnehmenden zu einer Besprechung einzuladen, gehen Sie folgendermaßen vor:

1. Klicken Sie im Kalender-Modul von Outlook im Register **Start** auf **Neue Besprechung**.

   Das Besprechungsformular, das nun geöffnet wird, ist eine Mischung aus einem Terminformular, das Sie im vorherigen Abschnitt kennengelernt haben, und einem Nachrichtenformular, wie Sie es vom Schreiben einer E-Mail gewohnt sind.

2. Geben Sie zunächst alle wichtigen Daten rund um den Termin ein, wie in den Schritten 2 bis 4 auf Seite 97 gezeigt.

3. Mit einem Klick auf **Erforderlich** ❶ öffnen Sie den Dialog **Teilnehmer und Ressourcen auswählen: Kontakte**.

4. Markieren Sie den ersten Teilnehmer bzw. die Teilnehmerin ❷ oder auch eine Kontaktgruppe. Ist die Teilnahme der Person(en) an der Besprechung unbedingt erforderlich, klicken Sie auf die Schaltfläche **Erforderlich** ❸. Der Name wird nun im Feld rechts angezeigt. Muss die Person nicht unbedingt anwesend sein, wählen Sie **Optional** ❹.

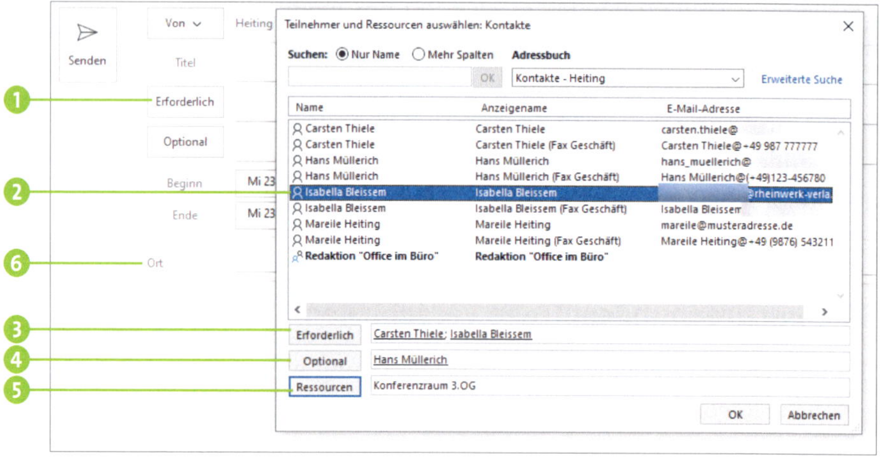

5. Kommt in Ihrem Unternehmen ein Microsoft Exchange Server zum Einsatz, können Sie mit Ihrer Besprechungsanfrage zugleich Ressourcen buchen. Dabei kann es sich um Besprechungsräume handeln oder auch um technisches Equipment wie etwa einen Beamer. Angeboten werden Ihnen die Ressourcen über die globale Adressliste. Markieren Sie sie dort, und klicken Sie auf **Ressourcen** (5). Schließen Sie den Dialog mit **OK**.

   Handelt es sich bei der Ressource um einen Raum, wird dieser im Besprechungsformular automatisch im Feld **Ort** (6) angezeigt. Zusätzlich erscheint er aber auch – genauso wie alle anderen Ressourcen – im Feld **Erforderlich**.

6. Geben Sie in das Besprechungsformular eine Nachricht für die Eingeladenen ein.

7. Sollen die eingeladenen Personen Ihnen mitteilen, ob sie an der Besprechung teilnehmen können oder nicht? Das entsprechende Häkchen vor **Bitte um Antwort** (7) ist bereits gesetzt, wie Sie über die **Antwortoptionen** in der Gruppe **Teilnehmer** im Register **Besprechung** prüfen können. Entfernen Sie das Häkchen, wenn keine Antwort erforderlich ist. Das gilt auch, wenn Sie keine **Vorschläge für Besprechungszeitänderungen zulassen** (8) möchten.

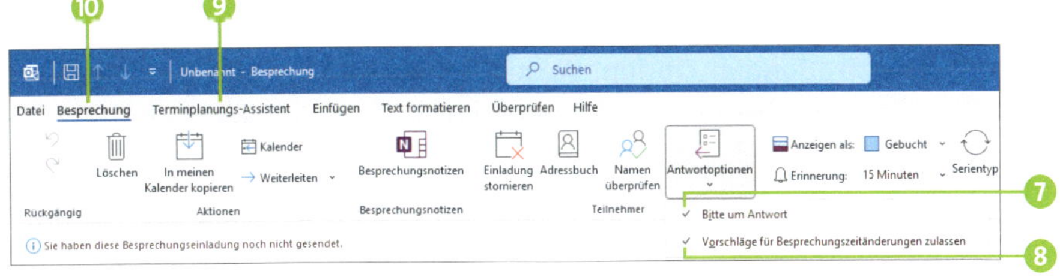

8. Mit einem Klick auf **Senden** schicken Sie Ihre Besprechungsanfrage ab.

Termine mit Unterstützung des Assistenten planen

Haben die Kollegen und Kolleginnen, die Sie zur Besprechung einladen, ihre Kalender für Sie freigegeben (was in einer Firma, die mit einem Exchange Server arbeitet, häufig der Fall ist), lässt sich das Meeting noch komfortabler planen. Wechseln Sie hierzu nach Schritt 5 im Besprechungsformular in das Register **Terminplanungs-Assistent** (9 auf Seite 101). In der tabellarischen Übersicht sehen Sie sofort, wann Ihre Kollegen noch frei verfügbar sind und wann bereits Termine anstehen. Durch Verschieben der senkrechten blauen Linien können Sie den Beginn und das Ende eines Termins ändern. Haben Sie einen Termin gefunden, der für alle passt, kehren Sie wieder in das Register **Besprechung** 10 zurück.

Tipp 069

Eine Besprechungsanfrage beantworten

Eine Besprechungsanfrage landet zunächst als neue Mail im Posteingangsordner von Outlook, wo sie per Doppelklick geöffnet werden sollte. Kollidiert der Termin mit einem Ihrer bereits im Kalender eingetragenen Termine, weist Outlook Sie darauf hin. Ist eine Reaktion auf die Anfrage erwünscht, finden Sie im Register **Besprechung** in der Gruppe **Antworten** die drei Optionen **Annehmen**, **Mit Vorbehalt** und **Ablehnen**. Klicken Sie auf den Pfeil unterhalb der für Sie zutreffenden Option. Anschließend können Sie Ihre **Antwort vor dem Senden bearbeiten** (also selbst einen Kommentar hinzufügen), die **Antwort jetzt senden** (also lediglich mit dem von Outlook vorgegebenen Standardtext) oder auch **Keine Antwort senden**. Haben Sie sich für eine der Aktionen **Annehmen**

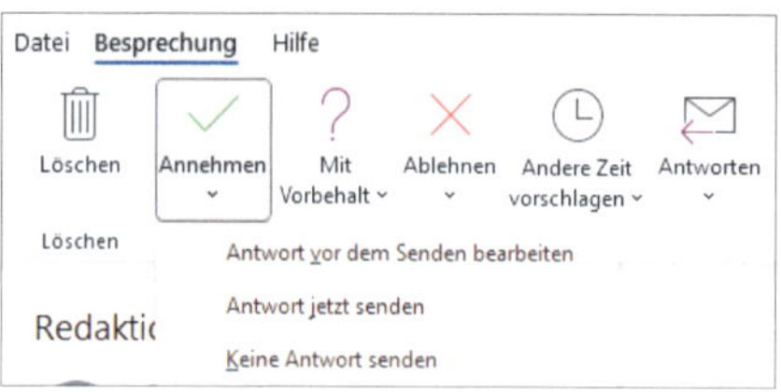

oder **Mit Vorbehalt** entschieden, wird der Besprechungstermin automatisch in Ihren Kalender übernommen. Dürfen Sie andere Vorschläge für einen Alternativtermin machen, wird auch die Option **Andere Zeit vorschlagen** angeboten.

Eine Besprechung absagen oder verschieben

Eine Besprechung kann nur von derjenigen Person abgesagt werden, die sie geplant und entsprechend die Besprechungsanfrage verschickt hat. Haben Sie die Besprechung organisiert, doppelklicken Sie im Modul **Kalender** auf den Besprechungstermin, um das Terminformular zu öffnen. Klicken Sie dann im Register **Besprechung** in der Gruppe **Aktionen** auf **Besprechung absagen** (3 auf Seite 104). Mit **Update senden** 4 informieren Sie alle Teilnehmenden über das nicht stattfindende Meeting. Muss der Termin nur verschoben werden, passen Sie nach dem Öffnen des Terminformulars lediglich die entsprechenden Angaben im Terminformular an und schicken die Besprechungsanfrage per **Update senden** an die betreffenden Personen. Haben Sie selbst die Veranstaltung nicht organisiert, sondern nehmen nur teil und möchten z. B. Ihre Zusage zurücknehmen, öffnen Sie das Terminformular per Doppelklick auf den entsprechenden Kalendereintrag. Im Register **Besprechung** wählen Sie in der Gruppe **Antworten** die neue Antwort, in diesem Fall also **Ablehnen**, aus.

Besprechungsanfragen auswerten

Tipp 070

Als Organisator*in einer Besprechung werden Ihnen die Antworten der Teilnehmenden per E-Mail zugesendet. Bereits dem Betreff können Sie entnehmen, ob die jeweilige Person zugestimmt oder abgelehnt hat. Doppelklicken Sie auf den Besprechungstermin im Kalender, wird unterhalb des Menübands eine Zusammenfassung des Terminstatus angezeigt 1. Wenn Sie detailliertere Informationen hierzu benötigen, wechseln Sie in das Register **Nachverfolgung** 2.

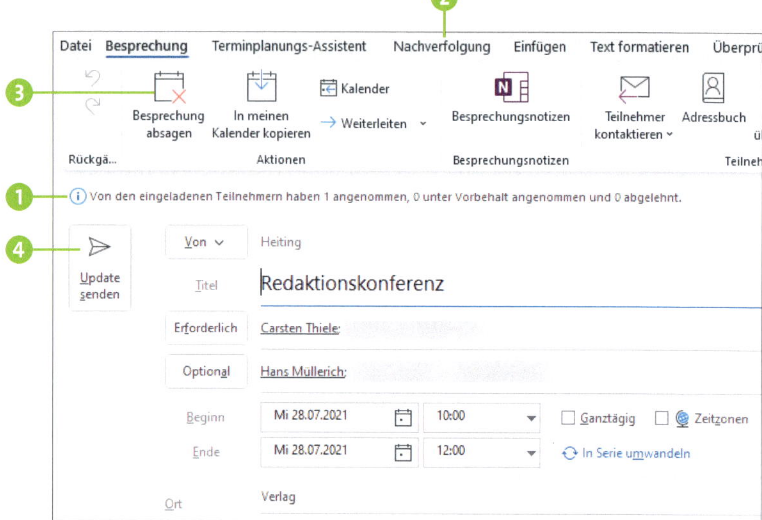

Aufgaben perfekt geplant mit Outlook

Ihre Chefin hat Sie vor ihrem Urlaub noch mit einer langen To-do-Liste versorgt. Die Aufgaben müssen zwar bis zu ihrer Rückkehr erledigt sein, wann Sie sich damit beschäftigen, ist aber Ihnen überlassen. Im Gegensatz zu Terminen und Besprechungen sind Aufgaben also nicht an ein festes Datum bzw. eine Uhrzeit gebunden und müssen somit auch nicht in den Kalender eingetragen werden. Stattdessen bietet Ihnen Outlook ein eigenes Modul *Aufgaben* an, mit dem Sie alle zu erledigenden Dinge perfekt im Blick behalten.

Breite der Fensterabschnitte in Outlook anpassen

Das Programmfenster von Outlook ist in verschiedene Bereiche aufgeteilt, deren Breite Sie individuell anpassen können. Ist Ihnen z. B. der Navigationsbereich zu schmal, bewegen Sie den Mauszeiger auf die Trennlinie rechts vom Navigationsbereich. Nimmt der Zeiger die Form eines Doppelpfeils ⟺ an, können Sie die Trennlinie mit gedrückter linker Maustaste einfach verschieben.

Neue Aufgabe in Outlook erfassen

Tipp 071

Eine neue Aufgabe ist in Outlook schnell eingetragen:

1. Klicken Sie im Navigationsbereich unten links auf **Aufgaben** ①, um in das gleichnamige Modul zu wechseln. Ist der Eintrag nicht zu sehen, müssen Sie zuvor auf das Symbol ··· klicken und dann auf **Aufgaben**.

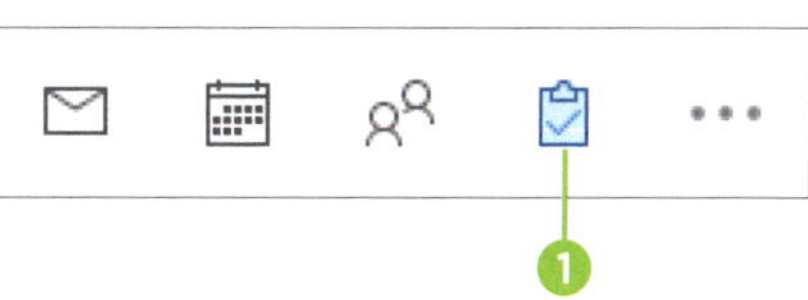

2. Im bereits geöffneten Register **Start** klicken Sie ganz links auf **Neue Aufgabe**.
3. Geben Sie im Aufgabenformular in das Feld **Betreff** ② eine kurze Bezeichnung für die Aufgabe ein.
4. In den Feldern **Startdatum** und **Fälligkeitsdatum** legen Sie fest, wann Sie mit der Aufgabe starten und wann sie erledigt sein sollte ③.
5. Damit Sie die Aufgabe auch ja nicht vergessen, können Sie sich rechtzeitig erinnern lassen. Hierzu aktivieren Sie das Kästchen **Erinnerung** ④ und geben dann das gewünschte Datum und die Uhrzeit an ⑤.

6. Im Feld **Priorität** (6) lässt sich festlegen, wie wichtig die Aufgabe ist. Dies ist insofern praktisch, als Sie die Aufgabenliste später nach Prioritäten sortieren lassen können (siehe den nächsten Tipp).

7. Das Notizfeld (7) bietet ausreichend Platz, um Informationen rund um die Aufgabe zu ergänzen. Wie bei einem Termin können Sie hier über das Register **Einfügen** (8) ein Outlook-Element (also E-Mails), Bilder, Dateien und mehr ergänzen.

8. Haben Sie mit der Aufgabe bereits begonnen? Dann wählen Sie im Feld **Status** z. B. den Eintrag **In Bearbeitung** (9) aus. Im Feld **% erledigt** (10) können Sie nun angeben, wie viel bereits abgearbeitet ist.

9. Mit **Speichern & schließen** (11) sichern Sie die Aufgabe.

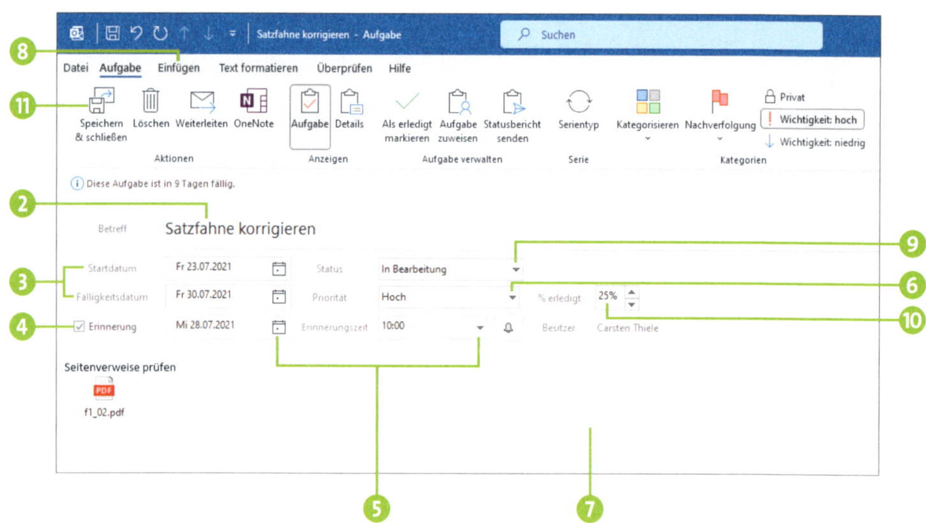

Übersicht über alle anstehenden Aufgaben einblenden

Tipp 072

Welche Aufgaben stehen wann an? Wie viel ist bereits erledigt, und womit sollten Sie sich möglichst bald beschäftigen? Eine Übersicht mit all diesen Informationen erhalten Sie im Modul **Aufgaben**, in das Sie auch über den Shortcut `Strg` + `4` wechseln können.

Markieren Sie in der linken Spalte die **Aufgabenliste** ①, werden rechts nicht nur die selbst erstellten Aufgaben aufgeführt, sondern auch alle E-Mails, die Sie zur Nachverfolgung gekennzeichnet haben ② (siehe Tipp 029 »E-Mails zur Nachverfolgung kennzeichnen« ab Seite 44). Markieren Sie in der linken Spalte dagegen **Aufgaben**, fehlen diese Nachrichten.

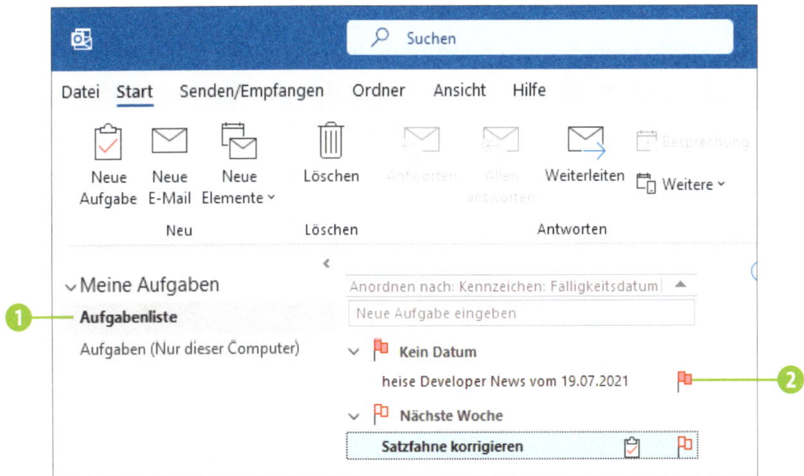

Klicken Sie im Register **Start** in der Gruppe **Aktuelle Ansicht** auf das Symbol ③, werden Ihnen verschiedene Möglichkeiten zum Filtern der Aufgaben angeboten. Wählen Sie z. B. **Überfällig**, erfahren Sie sofort, welche Aufgaben Sie laut Fälligkeitsdatum eigentlich bereits hätten erledigen sollen. Haben Sie die Aufgaben gefiltert, vergessen Sie anschließend bitte nicht, zu einer Ansicht zurückzukehren, in der alle Aufgaben zu sehen sind (z. B. **Detailliert**).

Tipp 073 Aufgaben als erledigt kennzeichnen oder löschen

Sie haben eine Aufgabe bereits erledigt? Oder hat sich der Fälligkeitstermin verschoben? Um die entsprechenden Informationen anzupassen, gehen Sie folgendermaßen vor:

1. Markieren Sie im Modul **Aufgaben** zunächst links die **Aufgaben** ① und dann rechts die gewünschte Aufgabe ②. Stellen Sie sicher, dass im Register **Start** in **Aktuelle Ansicht** die Ansicht **Detailliert** ③ ausgewählt ist.
2. Doppelklicken Sie im Ansichtsbereich auf die Aufgabe ②, um das Aufgabenformular zu öffnen.

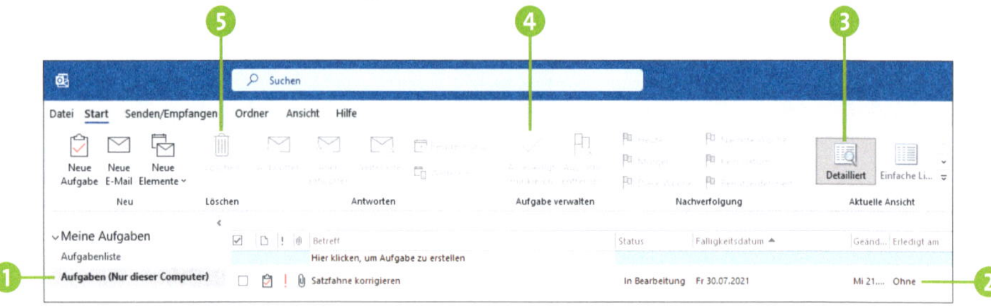

3. Passen Sie die Informationen (z. B. das Fälligkeitsdatum oder auch die Prozentangabe des Bearbeitungszustands)

an, und sichern Sie die neuen Angaben mit **Speichern & schließen**.

4. Wenn Sie die Aufgabe vollständig erledigt haben, markieren Sie die Aufgabe in der Aufgabenübersicht. Klicken Sie dann im Register **Start** in der Gruppe **Aufgabe verwalten** auf **Als erledigt markieren** (4). Die Aufgabe wird damit zwar weiterhin in der Aufgabenübersicht aufgeführt, allerdings durchgestrichen. Das Kästchen am linken Rand der Aufgabe ist außerdem mit einem Häkchen versehen. Wechseln Sie links in die **Aufgabenliste**, ist die Aufgabe nicht mehr vorhanden.

5. Selbstverständlich können Sie eine Aufgabe auch ganz entfernen. Hierzu markieren Sie die Aufgabe zunächst und klicken dann im Register **Start** auf **Löschen** (5).

So haben Sie Ihre Korrespondenz im Griff

Eine eigene Dokumentvorlage für den Geschäftsbrief erstellen

Was ist bei der Gestaltung eines Geschäftsbriefs zu beachten? Wie erstellt man einen Serienbrief an viele Personen? Und wie kann man sich lästige Mausklicks und die viele Schreiberei in Word vereinfachen? All diesen Fragen und noch mehr gehen wir in diesem Kapitel zum täglichen und auch zum nicht alltäglichen »Papierkram« nach.

Leeres Dokument als Dokumentvorlage speichern

Tipp 074

Falsch platzierte Adressen oder gar ein schief gefaltetes Briefpapier werfen nicht nur ein schlechtes Licht auf die Person, die den Brief verfasst hat, sondern auf die gesamte Firma, für die sie arbeitet. Damit Sie mit Ihren Geschäftsbriefen punkten, empfehlen wir Ihnen, einmal eine perfekte Vorlage für einen Geschäftsbrief anzulegen, den Sie dann immer wieder für Ihre Korrespondenz nutzen können. Halten Sie sich dabei an die Vorgaben der DIN 5008, wird z.B. die Empfängeradresse auf den Millimeter genau in einem Fensterumschlag angezeigt.

Um eine Vorlage für Ihre Geschäftsbriefe zu erstellen, öffnen Sie in Word zunächst ein **Leeres Dokument** ①. Dies können Sie entweder direkt nach dem Start des Textverarbeitungsprogramms auswählen oder, sollten Sie das Programm bereits gestartet haben, über **Datei ▸ Neu** ②. Rufen Sie dann **Datei ▸ Speichern unter** ③ auf. Im folgenden Dialog klicken Sie auf **Durchsuchen**.

Wählen Sie im Feld **Dateityp** die **Word-Vorlage (*.dotx)** aus. Als Speicherort gibt Word das Verzeichnis **Benutzerdefinierte Office-Vorlagen** vor, das sich lokal auf Ihrem PC befindet. Dürfen auch Kollegen und Kolleginnen auf die Vorlage zugreifen, müssen Sie sie in einem entsprechend freigegebenen Ordner etwa auf einem Netzlaufwerk speichern. Vergessen Sie nicht, einen griffigen Dateinamen anzugeben, bevor Sie die Datei mithilfe der gleichnamigen Schaltfläche speichern.

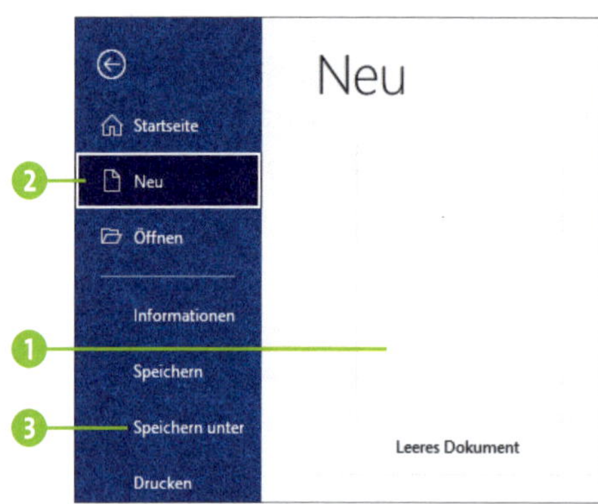

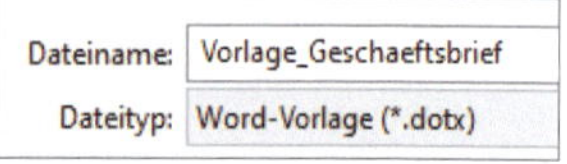

Zwischenspeichern nicht vergessen

Auch wenn Word fleißig all Ihre Eingaben zwischenspeichert, sollten Sie selbst Ihre Dokumente immer mal wieder mit einem Klick auf 🖫 sichern. Denn der Stromausfall, etwa ausgelöst durch die Baustelle nebenan, kommt meist im unpassendsten Moment.

Tipp 075

Seitenränder festlegen

Nun geht es an die Gestaltung des Seitenlayouts Ihrer Briefvorlage. Als Erstes legen Sie die Seitenränder fest:

1. Wechseln Sie in das Register **Layout**, und klicken Sie in der unteren rechten Ecke der Gruppe **Seite einrichten** auf das Symbol ⧉ 1.

2. Stellen Sie im Feld **Links** den Wert **2,5 cm** ② und im Feld **Rechts** den Wert **2 cm** ③ ein.

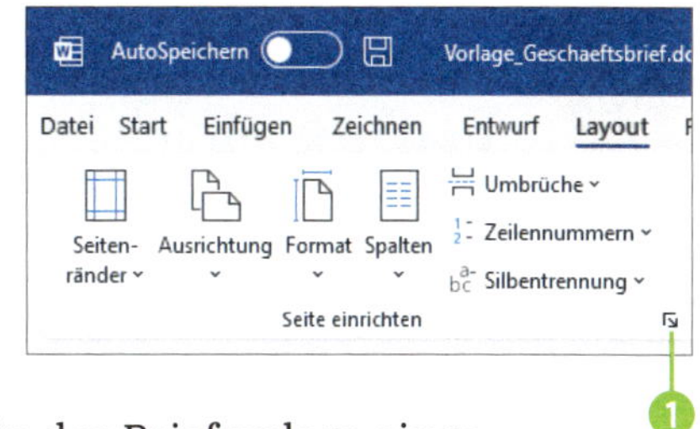

Die Angabe im Feld **Oben** hängt davon ab, ob Sie die Rücksendeanschrift (also die Adresse Ihres Unternehmens) in der Briefvorlage eingeben werden (siehe auch Tipp 078 »Rücksendeanschrift in das Anschriftenfeld einfügen« ab Seite 117) oder ob diese bereits auf dem Briefpapier, das Sie für den Ausdruck nutzen werden, enthalten ist.

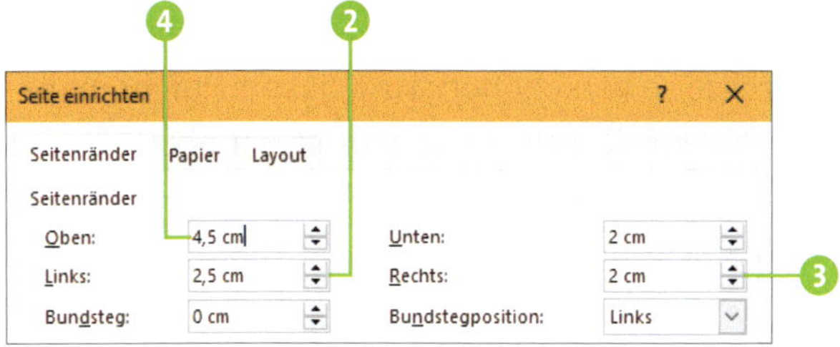

3. Ist die Rücksendeanschrift auf dem Briefpapier vorhanden, tragen Sie in das Feld **Oben** ④ als Wert **5 cm** ein. Geben Sie die Adresse selbst ein, wählen Sie als Wert **4,5 cm**.

4. Für den unteren Seitenrand gibt es keine Vorgaben seitens der DIN 5008, sodass Sie den Dialog nun mit **OK** beenden.

Lineal einblenden

Bei der Positionierung von Adressen, Logos und anderen Elementen ist ein gutes Augenmaß gefragt. Sie tun sich dabei leichter, wenn Sie die Lineale am oberen und linken Fensterrand als Orientierungshilfe einblenden. Sollten diese bei Ihnen noch nicht sichtbar sein, versehen Sie im Register **Ansicht** in der Gruppe **Anzeigen** das **Lineal** mit einem Häkchen.

Tipp 076

Textfeld für die Anschrift einfügen und fest verankern

Als Nächstes kümmern Sie sich um das Anschriftenfeld. Dieses Feld enthält die Adresse des Empfängers, für das die DIN 5008 sechs Zeilen vorsieht. Oberhalb dieses Bereichs müssen eventuell noch die Rücksendeanschrift sowie ein postalischer Vermerk wie »Büchersendung« o.Ä. ergänzt werden. Für beides zusammen stehen maximal vier Zeilen zur Verfügung.

All diese Angaben könnte man natürlich Zeile für Zeile eingeben. Die Gefahr, dass beim Löschen einer Zeile versehentlich die Adresse so verschoben wird, dass sie nicht mehr vollständig im Fensterkuvert zu sehen ist, ist aber recht groß. Damit das Anschriftenfeld fest an der vorgesehenen Position verankert bleibt, empfiehlt es sich, hierfür ein Textfeld anzulegen:

1. Klicken Sie im Register **Einfügen** in der Gruppe **Text** auf **Textfeld**, dann in der Liste unten auf **Textfeld erstellen**.

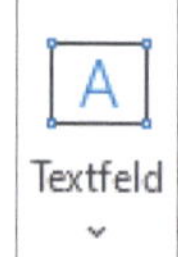

2. Ziehen Sie mit gedrückter linker Maustaste etwa in Höhe der blinkenden Einfügemarke ein Rechteck auf.
3. Markieren Sie das Textfeld per Mausklick. Im Menüband erscheint das Register **Formformat(ierung)** ❶, in älteren Word-Versionen **Zeichentools** | **Format** genannt.
4. Klicken Sie hier in der Gruppe **Anordnen** auf **Position** ▸ **Weitere Layoutoptionen** ❷, um den Dialog **Layout** einzublenden.

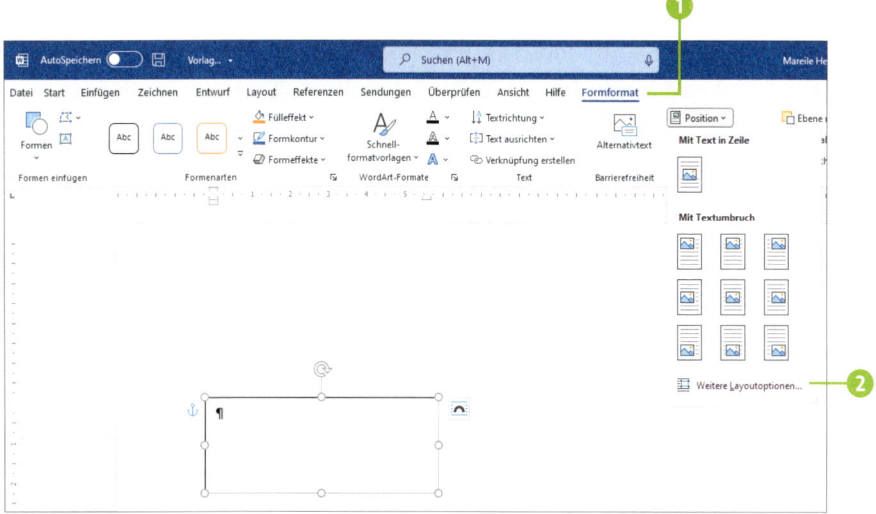

5. Im Register **Position** muss im Bereich **Horizontal** die Option **Absolute Position** ③ ausgewählt sein. Als Wert tragen Sie **-0,25 cm** ④ ein. Im Feld **rechts von** wählen Sie **Seitenrand** ⑤ aus.

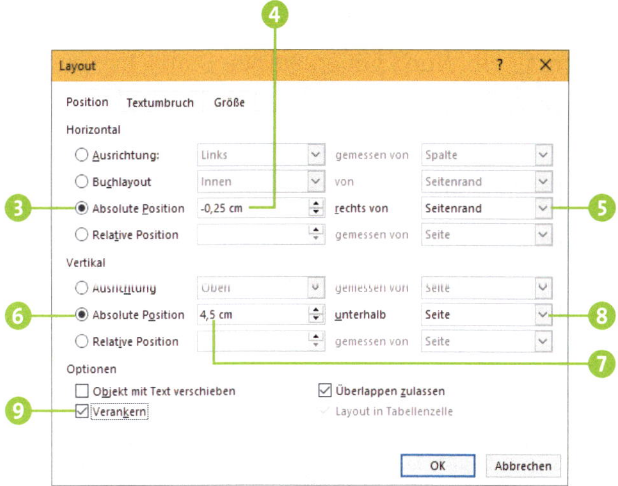

6. Auch im Bereich **Vertikal** muss die **Absolute Position** ⑥ aktiviert sein. Dort geben Sie den Wert **4,5 cm** ⑦ ein. Im Feld **unterhalb** stellen Sie **Seite** ⑧ ein.

7. Damit das Textfeld fest an der vorgegebenen Position bleibt, versehen Sie **Verankern** 9 mit einem Häkchen.

8. Wechseln Sie in das Register **Textumbruch**, und markieren Sie **Oben und unten** 10.

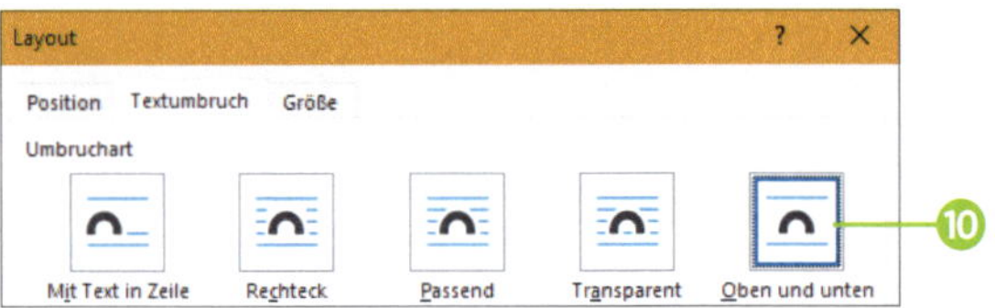

9. Weiter geht es im Register **Größe**. Im Bereich **Höhe** geben Sie in das Feld **Absolut** als Wert **4,5 cm** 11 ein. Müssen Sie die Firmenadresse für die Rücksendung nicht im Anschriftenfeld ergänzen, reicht auch der Wert **4 cm**.

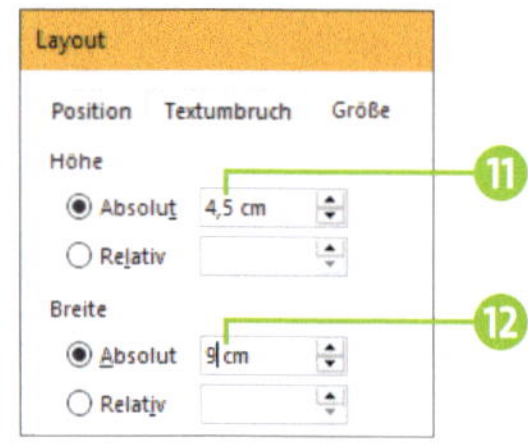

10. Im Bereich **Breite** tragen Sie in das Feld **Absolut** den Wert **9 cm** 12 ein. Nun können Sie den Dialog **Layout** mit **OK** beenden.

Informationsblock als Textfeld einfügen

In einigen Geschäftsbriefen wird rechts vom Anschriftenfeld ein Informationsblock ergänzt, der Platz für Ansprechpartner, Rechnungs- und Kundennummer, aber auch das Datum bietet. Diesen Block können Sie ebenfalls als Textfeld ergänzen. Wiederholen Sie hierzu die Schritte 1 bis 10. In Schritt 5 geben Sie als horizontale Position **10 cm** an, in Schritt 6 als vertikale Position **5 cm**. Die Höhe des Textfeldes (Schritt 9) sollte mindestens **4 cm** betragen, die Breite (Schritt 10) maximal **7,5 cm**. Achten Sie darauf, dass der nachfolgende Text mindestens zwei Zeilen Abstand zum Informationsblock haben muss.

Kontur und Füllung des Textfeldes ändern

Tipp 077

Textfelder haben in Word zunächst einen dünnen schwarzen Rahmen und einen weißen Hintergrund. Beides sollten Sie entfernen.

1. Ist die Markierung des Textfeldes aufgehoben, klicken Sie es einmal an.
2. Klicken Sie im Register **Formformat(ierung)** (in älteren Word-Versionen **Zeichentools | Format**) in der Gruppe **Formenarten** auf **Fülleffekt** 1 und dann auf **Keine Füllung**. Das Textfeld ist damit transparent.
3. Nach einem Klick auf **Formkontur** 2 in der gleichen Gruppe wählen Sie **Keine Kontur** 3. Damit verschwindet der Rahmen.

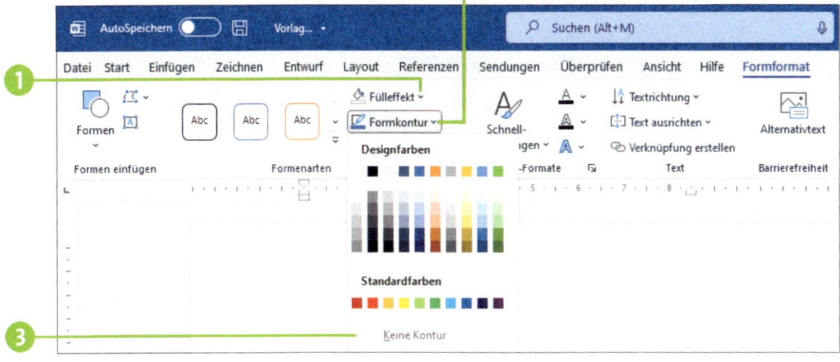

Rücksendeanschrift in das Anschriftenfeld einfügen

Tipp 078

Ist auf dem Briefpapier, das Sie für den Ausdruck verwenden, noch keine Rücksendeanschrift enthalten, geben Sie diese nun an. Sie erleichtern sich übrigens die Orientierung im Dokument, indem Sie die nicht druckbaren Zeichen wie etwa die Absatzmarke ¶ oder auch Leerzeichen einblenden. Am schnellsten gelingt dies mit dem Shortcut Strg + *. Ein erneutes Drücken der Tastenkombi blendet die Zeichen auch wieder aus.

1. Klicken Sie in das Textfeld für das Anschriftenfeld. Stellen Sie im Register **Start** im Feld **Schriftgrad** den Wert **8** (1) ein. Soll die Anschrift unterstrichen werden, aktivieren Sie das Symbol **Unterstreichen** (2).
2. Geben Sie die Rücksendeanschrift Ihrer Firma ein. Deaktivieren Sie die Unterstreichung dann wieder per Klick auf U.
3. Klicken Sie im Register **Start** in der Gruppe **Absatz** auf **Zeilen- und Absatzabstand** (3) ► **Abstand nach Absatz entfernen**. Word reduziert damit den Abstand zwischen den folgenden Zeilen.
4. Drücken Sie neunmal die Taste ↵.

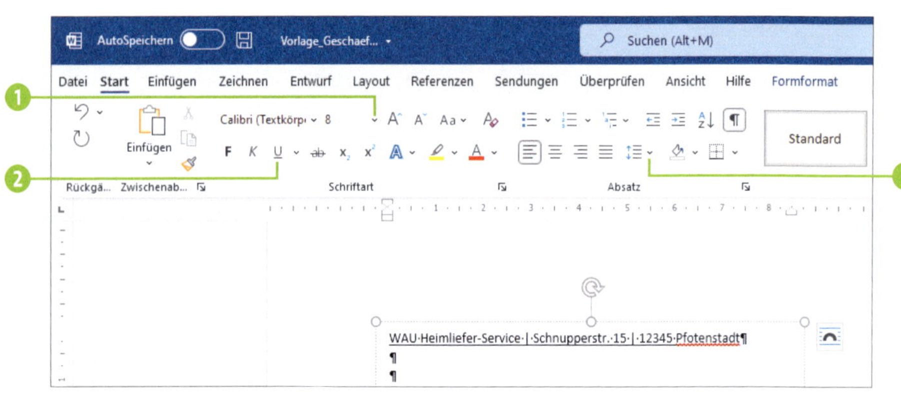

Insgesamt haben Sie nun unterhalb der Rücksendeanschrift neun Leerzeilen. Die ersten drei (4) können Sie mit einem postalischen Vermerk füllen, also etwa in der ersten Zeile »Persönlich«, in der zweiten Zeile »Wenn unzustellbar, bitte mit neuer« und in der dritten Zeile »Anschrift zurück«. Wenn Sie keinen postalischen Vermerk ergänzen möchten, bleiben die ersten drei Zeilen leer. Die restlichen sechs Zeilen sind für die Empfängeradresse 5 gedacht. Es bleibt Ihnen an dieser Stelle überlassen, ob Sie in der Dokumentvorlage des Geschäftsbriefs Platzhalter für den Postvermerk und die Empfängeranschrift ergänzen oder die Zeilen leer lassen. Mehr Informationen zum Platzhalter erhalten Sie im Kasten »Platzhalter für Betreff und Datum ergänzen« ab Seite 124. Wie Sie wiederum Seriendruckfelder ergänzen, die beim Erstellen eines Serienbriefs durch Adressen aus einer Datenquelle ersetzt werden, lesen Sie im Abschnitt »Gewusst, wie – Serienbriefe gekonnt erstellen« ab Seite 139.

Korrekter Abstand zwischen Textfeld und Brieftext

Tipp 079

Das Grundgerüst für den Geschäftsbrief ist damit fast fertig. Die DIN 5008 gibt einen Mindestabstand von zwei Zeilen zwischen dem eigentlichen Brieftext und dem Anschriftenfeld bzw. – sofern vorhanden – dem Informationsblock vor. Klicken Sie einmal auf die Absatzmarke ¶ 6 unterhalb des Anschriftenfeldes. Durch Drücken der Taste [↵] fügen Sie nun so viele Leerzeilen ein, bis sich die Einfügemarke mindestens zwei Zeilen unterhalb des Anschriftenfeldes bzw. des Informationsblocks befindet 7.

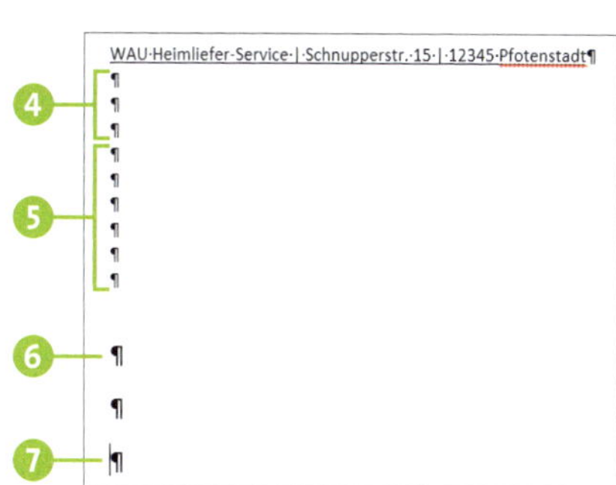

Erste Falzmarke als kleine Linie zeichnen

Tipp 080

Der ausgedruckte Brief sollte so gefaltet werden, dass sich das Anschriftenfeld exakt im Fenster des Briefkuverts befindet. Kleine Falzmarken, die Sie nun einfügen, kennzeichnen genau die Stellen, an denen das Papier gefaltet werden muss.

1. Zum Einfügen der ersten Falzmarke wechseln Sie in das Register **Einfügen**. Klicken Sie hier in der Gruppe **Illustrationen** auf **Formen** 1 und dann im Bereich **Linien** auf **Linie** 2.

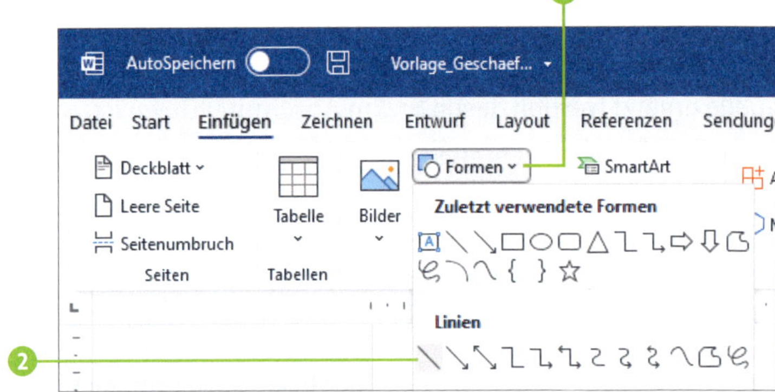

2. Zeichnen Sie am linken Seitenrand mit gedrückter linker Maustaste eine kleine waagerechte Linie. Achten Sie darauf, dass Sie die Zeichnung außerhalb von Textfeldern (z. B. dem Anschriftenfeld) vornehmen.

Tipp 081

Länge und Position der ersten Marke bestimmen

Da die soeben gezeichnete Linie (siehe den vorherigen Tipp) bereits markiert ist (erkennbar an den beiden Markierungspunkten), legen Sie nun direkt Größe und Position der Marke fest.

1. Klicken Sie im Register **Formformat(ierung)** (in älteren Word-Versionen: **Zeichentools | Format**) in der Gruppe **Größe** unten rechts auf das Symbol 1.

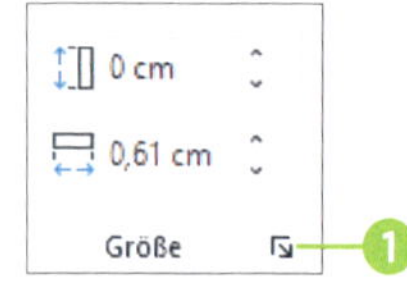

2. Damit die Linie waagerecht und nicht schief verläuft, muss im Dialog **Layout** im Register **Größe** unter **Höhe** im Feld **Absolut** der Wert **0 cm** (2) eingestellt sein. Im Bereich **Breite** tragen Sie in das Feld **Absolut** den Wert **0,4 cm** (3) ein.

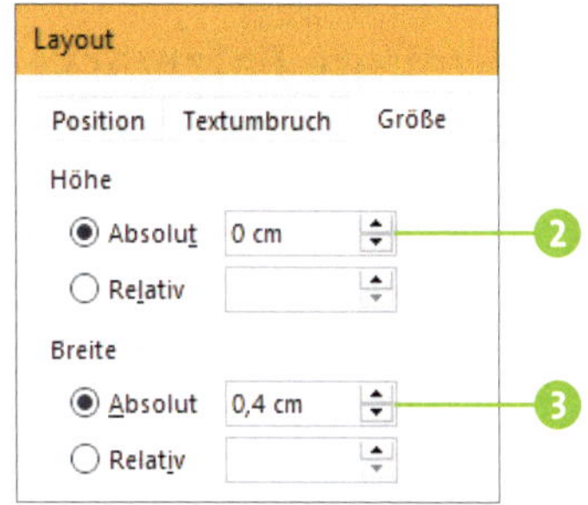

3. Wechseln Sie in das Register **Position**. In den Feldern **rechts von** sowie **unterhalb** stellen Sie jeweils **Seite** (4) ein.

4. Im Bereich **Horizontal** geben Sie in das Feld **Absolute Position** den Wert **0,1 cm** (5) ein.

5. Im Bereich **Vertikal** legen Sie im Feld **Absolute Position** den Wert **10,5 cm** (6) fest.

6. Aktivieren Sie das Kästchen **Verankern** (7). **Überlappen zulassen** und **Objekt mit Text verschieben** sollten dagegen nicht mit einem Häkchen versehen sein. Schließen Sie den Dialog mit **OK**.

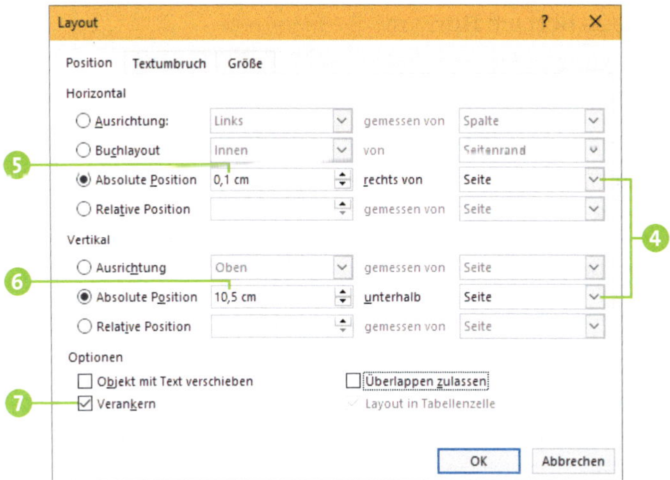

Tipp 082

Weitere Falzmarke und Lochmarke einfügen

Beim Einfügen der zweiten Falzmarke können Sie sich viel Arbeit sparen, indem Sie die erste Marke duplizieren und anschließend nur die Position anpassen. Die erste Falzmarke sollte hierfür noch markiert sein. Analog ergänzen Sie auch schnell eine Lochmarke, die beim passgenauen Lochen des Papiers nützlich ist.

1. Drücken Sie den Shortcut Strg + D, um die Linie zu duplizieren. Behalten Sie die Markierung dieser duplizierten Linie bei.

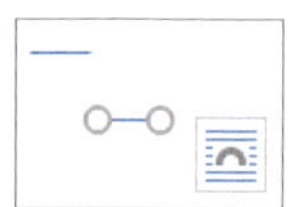

2. Klicken Sie im Register **Formformat(ierung)** (früher **Zeichentools | Format** genannt) in der Gruppe **Größe** unten rechts auf das Symbol .

3. Im Register **Position** des Dialogs **Layout** tragen Sie für die zweite Falzmarke im Bereich **Vertikal** im Feld **Absolute Position** den Wert **21 cm** (1) ein. Für den Bereich **Horizontal** ergänzen Sie ebenfalls im Feld **Absolute Position** den Wert **0,1 cm** (2). Schließen Sie den Dialog mit **OK**.

4. Behalten Sie die Markierung dieser Falzmarke bei. Duplizieren Sie sie wie in Schritt 1 gezeigt, um die Lochmarke zu erstellen.

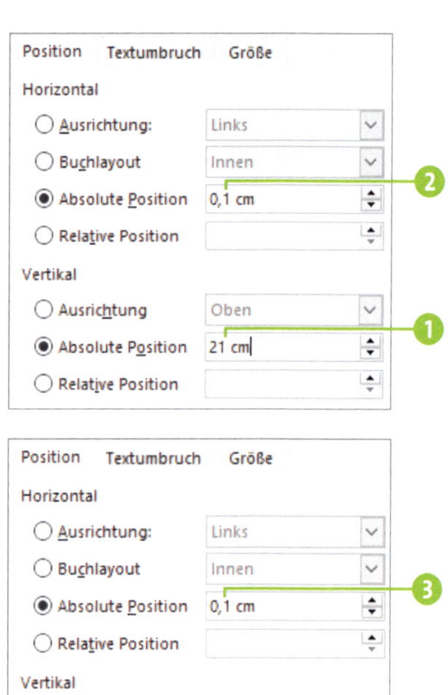

5. Wiederholen Sie Schritt 2 und 3. Dieses Mal geben Sie im Bereich **Horizontal** in das Feld **Absolute Position** wieder **0,1 cm** (3) ein, im Bereich **Vertikal** in das Feld **Absolute Position** allerdings den Wert **14,8 cm** (4). Mit **OK** können Sie auch diesen Dialog schließen.

Vergessen Sie nicht, die Dokumentvorlage mit einem Klick auf **Speichern** zu sichern, bevor Sie die Datei schließen.

Tipp 083

Geschäftsbrief auf Basis der Dokumentvorlage erstellen

Möchten Sie einen Brief auf Basis der gerade angelegten Dokumentvorlage (siehe ab Seite 111) schreiben, gehen Sie folgendermaßen vor:

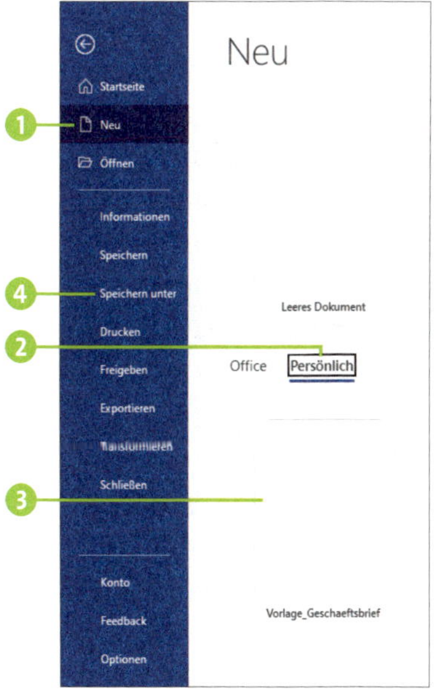

1. Rufen Sie in Word **Datei ▸ Neu** (1) auf.
2. Markieren Sie rechts **Persönlich** (2), um alle selbst erstellten Dokumentvorlagen einzublenden.
3. Klicken Sie auf die gewünschte Vorlage (3). Word erstellt automatisch ein neues Dokument auf Basis dieser Vorlage. Dieses Dokument speichern Sie wie gewohnt über **Datei ▸ Speichern unter** (4) im gewünschten Ordner.

Tipp 084

Weitere Vorgaben für einen DIN-Brief

Wenn Sie auch beim Schreiben des eigentlichen Briefs nach der DIN 5008 vorgehen möchten, müssen Sie die Abstände und die Ausrichtung der einzelnen Elemente berücksichtigen: Klassischerweise beginnt ein Brief mit einem Datum, das rechtsbündig ausgerichtet wird. Das ist schnell mit dem Shortcut Strg + R erreicht. Eine Zeile darunter ergänzen Sie linksbündig (Shortcut: Strg + L) den Betreff. Dieser Text sollte gefettet werden (Shortcut: Strg + F). Mit zwei Zeilen Abstand folgt dann die Anrede und nach einer weiteren Leerzeile der eigentliche Brieftext. Eine Leerzeile sollte auch zwischen dem Brieftext und der Abschiedsgrußformel frei gelassen werden. Bevor Sie dann Ihren Namen ergänzen, fügen Sie drei Leerzeilen ein. In diesem Freiraum wird später der ausgedruckte Brief unterzeichnet.

Platzhalter für Betreff und Datum ergänzen

Jeder Geschäftsbrief erhält normalerweise einen anderen Betreff. Somit macht es wenig Sinn, diese Angabe bereits vorab in der Dokumentvorlage zu ergänzen. Um sie im eigentlichen Brief nicht zu vergessen, fügen Sie an der betreffenden Stelle aber besser einen Platzhalter ein. Wird bei Ihnen das Register **Entwicklertools** nicht angezeigt, rufen Sie **Datei ▸ Optionen ▸ Menüband anpassen** auf. (Zur Anpassung des Menübands erfahren Sie Weiteres im Abschnitt »Eigene Registerkarten mit wichtigen Funktionen anlegen« ab Seite 151.) Versehen Sie im Feld **Hauptregisterkarte** die **Entwicklertools** mit einem Häkchen, und bestätigen Sie mit **OK**. Setzen Sie die Einfügemarke nun an die Position, an der der Platzhalter ergänzt werden soll. Klicken Sie im Register **Entwicklertools** auf das Symbol **Nur-Text-Inhaltssteuerelement** ❶. Im Dokument erscheint ein graues Feld. Überschreiben Sie den Text z. B. mit dem Hinweis »Geben Sie hier den Betreff an« 2. Markieren Sie den Text, und fetten Sie ihn. Klicken Sie einmal außerhalb des Satzes. Bewegen Sie den Mauszeiger auf den Text, wird er grau hinterlegt. Später reicht ein Mausklick auf den Text, und Sie können ihn mit dem eigentlichen Betreff überschreiben.

Analog lässt sich auch ein Platzhalter für das Datum einfügen. In diesem Fall wählen Sie im Register **Entwicklertools** das Symbol **Datumsauswahl-Inhaltssteuerelement** 3. Den Text dieses Platzhalters müssen Sie nicht anpassen. Wird später der eigentliche Brief geschrieben, reicht ein Klick auf den Pfeil am rechten Rand des Feldes 4. Im aufklappenden Kalender muss nur das aktuelle Datum ausgewählt werden, dann ein Klick außerhalb des Feldes, und schon ist das Datum ergänzt. Verwenden Sie eine der vielen Dokumentvorlagen von Microsoft, werden Sie übrigens immer wieder auf derartige Platzhalter stoßen.

In den Dokumentvorlagen von Microsoft stöbern

Rufen Sie **Datei ▸ Neu** auf, finden Sie rechts eine Vielzahl an vorgefertigten Dokumentvorlagen von Microsoft. Das Angebot reicht von Protokollen für Konferenzen über Unternehmensflyer bis hin zu Einladungsvorlagen. Ein Blick lohnt sich hier wirklich. Um in den Vorlagen zu stöbern, nutzen Sie die Suchfunktion oder klicken sich durch die diversen Kategorien. Sobald Sie eine Vorlage markieren, erhalten Sie eine etwas größere Vorschau. Mit einem Klick auf **Erstellen** öffnen Sie ein neues Dokument auf Basis der Vorlage, das Sie wiederum über **Datei ▸ Speichern unter** sichern. Das Prinzip gilt übrigens nicht nur für Word, sondern auch für Excel und PowerPoint. Viele Vorlagen enthalten Textfelder, Tabellen, Inhaltssteuerelemente oder auch Grafiken, die Sie alle Ihren Wünschen entsprechend gestalten oder auch ganz entfernen können. Einige dieser Elemente lernen Sie im Verlauf dieses Kapitels kennen.

Tipp 085 Änderungen an der Dokumentvorlage vornehmen

Sie müssen noch ein paar Korrekturen an der Dokumentvorlage vornehmen? Dann rufen Sie **Datei ▸ Öffnen** auf. Nach einem Klick auf **Durchsuchen** wechseln Sie in den Ordner, in dem Sie die Dokumentvorlage gespeichert haben, und öffnen diese per Doppelklick. Sollten Sie den Ordner nicht mehr wiederfinden: In Tipp 024 »Eine komplexe Suchanfrage stellen« ab Seite 33 erfahren Sie, wie Sie mithilfe des Explorers Dateien suchen. Dokumentvorlagen werden im Dateiformat **Word-Vorlage (*.dotx)** gespeichert (in älteren Word-Versionen im Format **Word 97-2003-Vorlage (*.dot)**). Schränken Sie die Suche auf die in Klammern angegebene Dateiendung ein (also ».dotx« oder auch ».dot«), werden Sie schneller fündig.

Logo und Unternehmensdaten in den Geschäftsbrief aufnehmen

Ein Geschäftsbrief sollte wenn möglich immer das Logo sowie wichtige Daten des Unternehmens wie Bankverbindungen, Angaben zur Geschäftsleitung etc. enthalten. In manchen Firmen gibt es bereits Briefpapier, das mit diesen Elementen bedruckt ist. Manchmal muss man sie aber auch selbst im Dokument ergänzen. Im Folgenden zeigen wir Ihnen, wie Sie in die Kopfzeile eines Dokuments ein Logo einfügen und in die Fußzeile die wichtigen Unternehmensdaten.

Eine Grafik in die Kopfzeile einfügen

Tipp 086

Beginnen wir mit dem Einfügen des Logos in die Kopfzeile:

1. Klicken Sie im Register **Einfügen** in der Gruppe **Kopf- und Fußzeile** auf **Kopfzeile** 1 ▸ **Kopfzeile bearbeiten**.

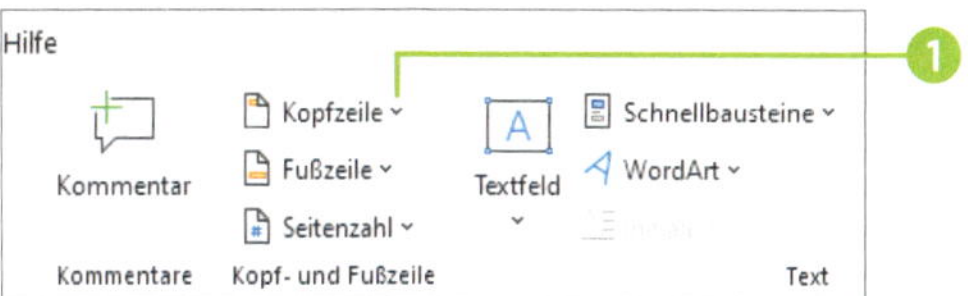

2. Erstellen Sie ein mehrseitiges Dokument, in dem nur auf der ersten Seite das Logo in der Kopfzeile erscheinen soll, versehen Sie im Register **Kopf- und Fußzeile** (in älteren Word-Versionen: **Kopf- und Fußzeilentools | Entwurf**) das Kästchen **Erste Seite anders** 2 mit einem Häkchen. Diese Einstellung wird automatisch für die Fußzeile übernommen.

3. Zum Einfügen des Logos klicken Sie in der Gruppe **Einfügen** auf **Bilder** 3.

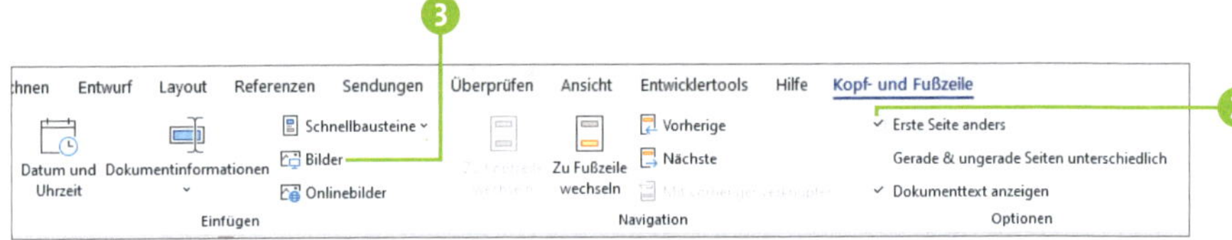

4. Rufen Sie den Ordner auf, in dem sich das Logo befindet. Wählen Sie die gewünschte Datei per Doppelklick aus.

5. Das Logo ist zu groß für die Kopfzeile? Verschieben Sie einen der vier Markierungseckpunkte 4 der Grafik mit gedrückter linker Maustaste, um die Größe anzupassen.

6. Soll das Logo rechtsbündig in der Kopfzeile ausgerichtet werden, klicken Sie im Register **Start** in der Gruppe **Absatz** auf **Rechtsbündig** 5. Die immer noch markierte Grafik wird sofort zum rechten Seitenrand geschoben. Analog lässt sich das Logo über das Symbol **Zentriert** 6 in der Mitte der Kopfzeile ausrichten.

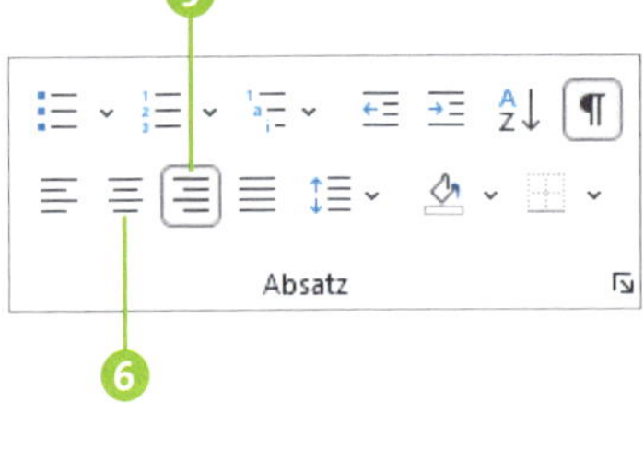

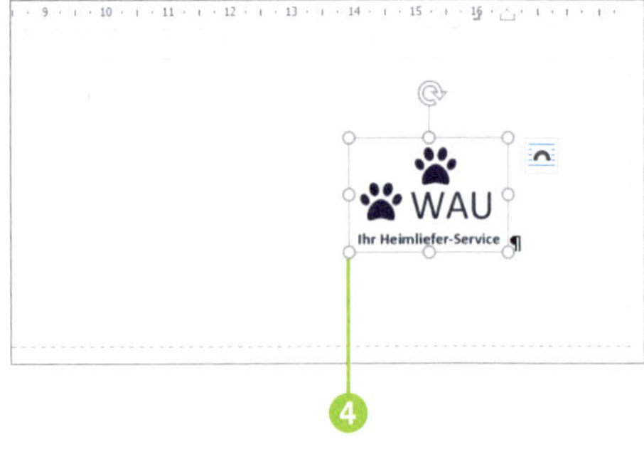

Unternehmensdaten als Tabelle in der Fußzeile ergänzen

Tipp 087

Am unteren Blattrand eines Geschäftsbriefs finden Sie meist Informationen zum Unternehmen wie Bankverbindung oder weitere Kontaktdaten (z. B. Telefonnummer und Webadresse). Der besseren Übersicht wegen werden diese Informationen häufig spaltenweise angeordnet. Dies erreichen Sie am besten mithilfe einer Tabelle.

1. Haben Sie gerade die Kopfzeile bearbeitet, klicken Sie im Register **Kopf- und Fußzeile** auf **Zu Fußzeile wechseln**. Ist die Kopfzeile bereits geschlossen, rufen Sie **Einfügen ▸ Fußzeile ▸ Fußzeile bearbeiten** auf.

   Überlegen Sie sich, in welche Blöcke Sie die Unternehmensinformationen aufteilen möchten. Ein mögliches Beispiel sehen Sie in der Abbildung auf Seite 130 unten. Für dieses benötigen Sie eine Tabelle mit drei Spalten und einer Zeile.

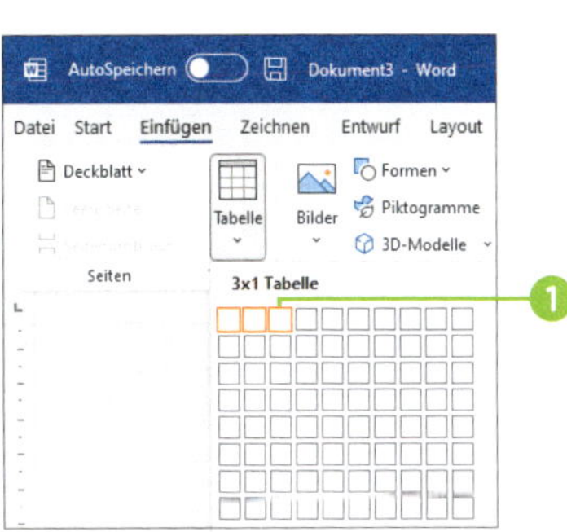

2. Wechseln Sie in das Register **Einfügen**. Klicken Sie auf **Tabelle** und in der aufklappenden Tabelle in der ersten Zeile auf die dritte Zelle von links (1). In der Fußzeile wird sofort die entsprechende Tabelle eingefügt.
3. Ergänzen Sie in den drei Tabellenzellen die Unternehmensinformationen. Als noch gut erkennbarer Schriftgrad empfehlen sich **8** Punkt.
4. Reicht der Platz für die Informationen nicht aus, vergrößern Sie die Fußzeile, indem Sie im Register **Kopf- und Fußzeile** im Feld **Fußzeile von unten** (2) den Wert erhöhen.

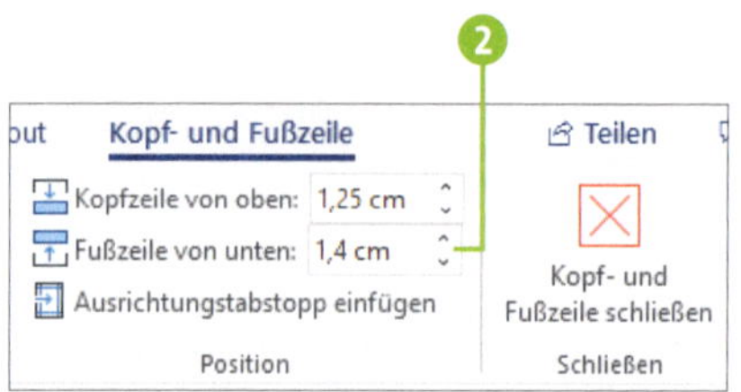

5. Um die Rahmen um die einzelnen Tabellenzellen zu entfernen, markieren Sie die gesamte Tabelle. Dies gelingt am schnellsten mit einem Klick auf das Symbol ⊞ 3 links oberhalb der Tabelle.

6. Wechseln Sie in das Register **Tabellenentwurf** 4 (in älteren Word-Versionen: **Tabellentools | Entwurf**). Klicken Sie auf den kleinen Pfeil unterhalb von **Rahmen** 5, und wählen Sie **Kein Rahmen** 6. Um sich trotzdem in der Tabelle orientieren zu können, klicken Sie erneut auf **Rahmen** und dann auf **Gitternetzlinien anzeigen** 7. Diese Linien erscheinen nur auf dem Bildschirm, nicht im Ausdruck.

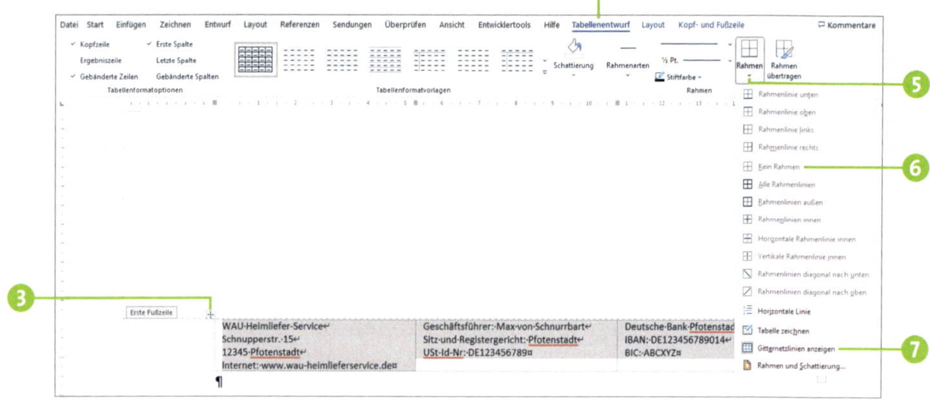

7. Mit einem Klick auf **Kopf- und Fußzeile schließen** im Register **Kopf- und Fußzeile** beenden Sie die Bearbeitung der beiden Zeilen. Alternativ doppelklicken Sie in die Mitte des Dokuments, um den Bearbeitungsmodus für die Kopf- und Fußzeile zu beenden.

Formatvorlagen ganz im Sinne der Corporate Identity

Eine Mitarbeiterin schätzt die Schriftart *Arial* besonders, ein anderer Kollege schreibt seine Texte am liebsten in einem blauen Farbton. Damit nicht jeder seine Texte formatiert, wie es ihm beliebt, gibt es in Unternehmen häufig klare Vorgaben bezüglich Schriftart, -grad und -farbe. Diese gelten natürlich insbesondere für Geschäftsbriefe, die das Aushängeschild einer Firma sind und deshalb einheitlich aussehen sollten.

Überblick über Schnellformatvorlagen verschaffen

Tipp 088

Statt für jeden Text die einzelnen Formatierungen für Überschriften, Standardtext oder auch Bildunterschriften immer wieder aufs Neue einzustellen, nutzen Sie am besten Formatvorlagen. Ein Mausklick auf eine solche Vorlage 1 reicht, und schon werden dem zuvor markierten Text alle in der Formatvorlage zusammengefassten Formatierungen zugewiesen. Word hat bereits einige Formatvorlagen mit an Bord, die Sie über den Formatvorlagenkatalog im Register **Start** erreichen. Mit einem Klick auf das Symbol ▾ 2 verschaffen Sie sich einen Überblick über alle Schnellformatvorlagen.

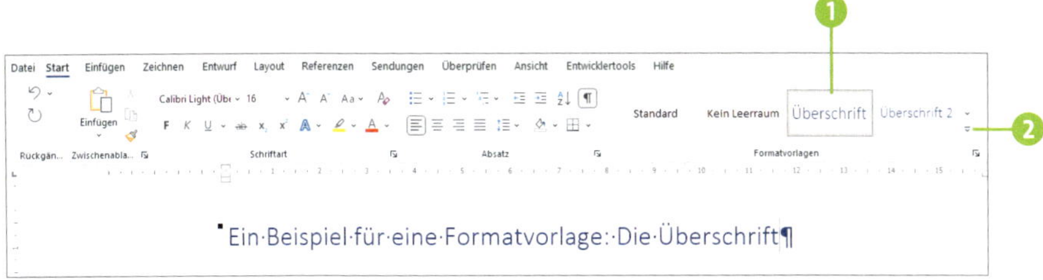

Tipp 089

Eigene Formatvorlage erzeugen

Entsprechen die bereits vorhandenen Formatvorlagen nicht der Corporate Identity Ihrer Firma, erstellen Sie einfach Ihre eigenen. Wenn Sie diese z.B. in Geschäftsbriefen nutzen möchten, die Sie auf Basis einer ganz bestimmten Dokumentvorlage erstellen, sollten Sie zuvor diese Dokumentvorlage öffnen (siehe auch Tipp 083 »Geschäftsbrief auf Basis der Dokumentvorlage erstellen« auf Seite 123).

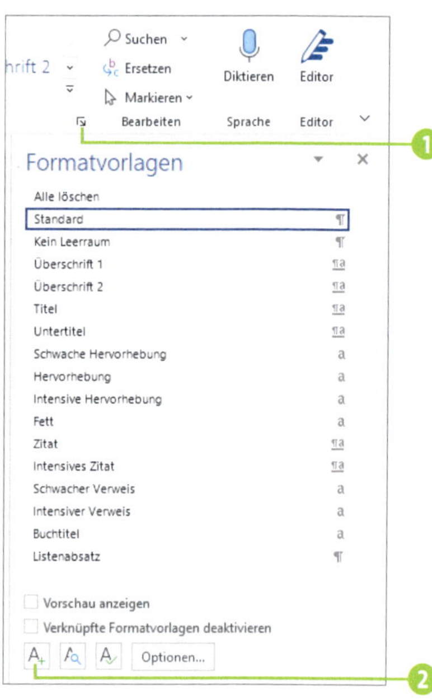

1. Klicken Sie im Register **Start** in der rechten unteren Ecke der Gruppe **Formatvorlagen** auf das Symbol ⧉ (1) und in der aufklappenden Liste auf das Symbol **Neue Formatvorlage** (2).
2. Geben Sie im folgenden Dialog in das Feld **Name** (3) eine kurze Bezeichnung für die Formatvorlage ein.
3. Eine Formatvorlage kann auf einen ganzen Absatz angewendet werden oder auch nur auf Zeichen (also einzelne Buchstaben oder auch markierte Textabschnitte, die aus einem oder mehr Wörtern bestehen). Für was Ihre Vorlage gelten soll, wählen Sie im Feld **Formatvorlagentyp** (4) aus.
4. Legen Sie nun im Bereich **Formatierung** über die entsprechenden Symbole und Felder Schriftart, -grad und -farbe fest (5). Handelt es sich um eine Formatvorlage für

einen Absatz, bestimmen Sie außerdem Textausrichtung und Zeilenabstand 6.

5. Stellen Sie sicher, dass **Zum Formatvorlagenkatalog hinzufügen** 7 aktiviert ist.

6. Soll die Formatvorlage nicht nur im aktuell geöffneten Dokument zur Verfügung stehen, aktivieren Sie die Option **Neue auf dieser Vorlage basierende Dokumente** 8. Bestätigen Sie mit **OK**.

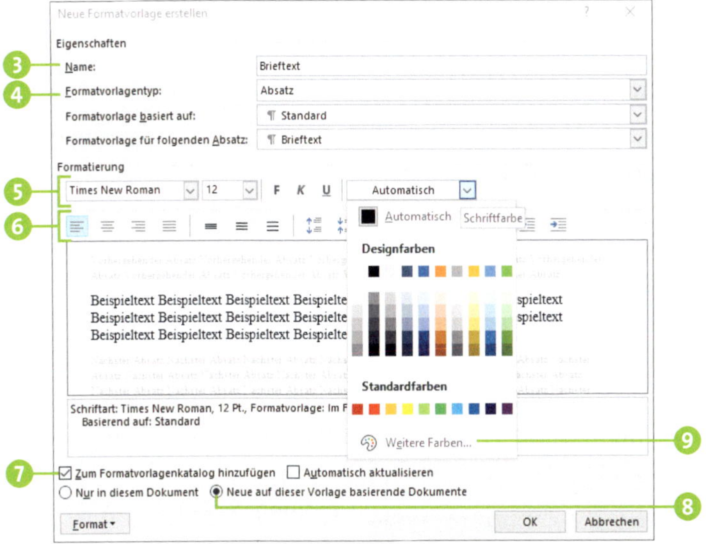

Auf diese Weise lassen sich beliebig viele Formatvorlagen erstellen, die Sie dann alle über das Register **Start** erreichen. Können nicht alle Vorlagen in dem recht kleinen Feld angezeigt werden, klicken Sie auf das Symbol **Weitere** ▾.

Formatvorlagen anpassen oder entfernen

Tipp 090

Müssen Sie Korrekturen an einer Formatvorlage vornehmen, klicken Sie den entsprechenden Eintrag im Formatvorlagenkatalog im Register **Start** mit der rechten Maustaste an. Im Kontextmenü wählen Sie **Ändern** und nehmen dann die gewünschten Korrekturen vor. Benötigen Sie eine Formatvorlage gar nicht mehr, wählen Sie im Kontextmenü **Aus dem Formatvorlagenkatalog entfernen**.

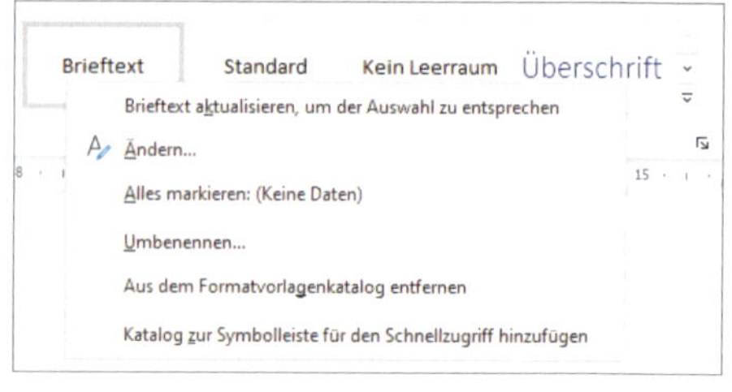

Farbtöne mit RGB-Angaben

Die Auswahl an Farbtönen, die Ihnen z. B. für die Schriftfarbe angeboten wird, ist zunächst recht übersichtlich. Klicken Sie auf **Weitere Farben** (9 in der Abbildung auf Seite 133), wird das Angebot gleich deutlich größer. Im Register **Benutzerdefiniert** des Dialogs **Farben** können Sie einen Farbton sogar anhand des RGB-Werts festlegen. Damit lassen sich mehr oder weniger alle Farbnuancen erzeugen. Dies ist vor allem dann interessant, wenn Sie etwa von der Werbeabteilung Ihres Unternehmens einen festen Farbton für Überschriften, Logos etc. vorgegeben bekommen haben, den Sie in Ihren Dokumenten verwenden müssen. Diese Farbangaben können in RGB-, CMYK- oder auch hexadezimaler Schreibweise vorliegen. Im Web finden Sie übrigens zahlreiche Sites, auf denen Sie Ihre Farbangaben jeweils von CMYK- und hexadezimalen Werten in den für Word nötigen RGB-Wert umrechnen.

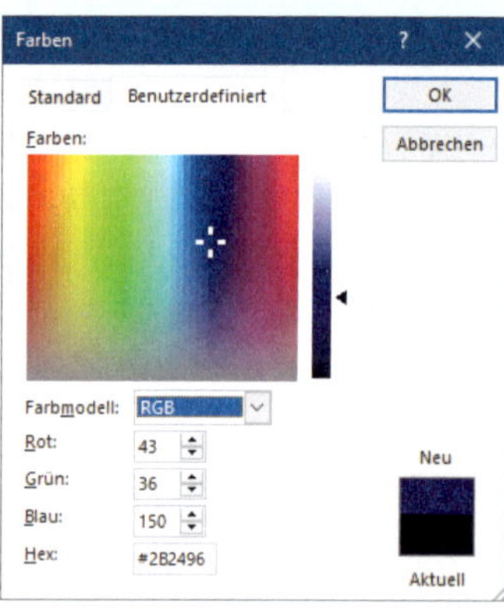

Standardtexte als Schnellbausteine speichern

Das Schreiben eines Geschäftsbriefs kann manchmal ausgesprochen eintönig sein, vor allem dann, wenn man immer wieder die gleichen Texte verfassen muss. Unser Tipp: Sparen Sie viel Zeit und Tipparbeit, indem Sie immer wiederkehrende Textpassagen einmal als Schnellbaustein speichern. Diesen können Sie dann jederzeit blitzschnell in Ihre Korrespondenz einfügen.

Schnellbaustein erstellen und speichern

Tipp 091

Um einen immer wiederkehrenden Text als Schnellbaustein zu speichern, gehen Sie folgendermaßen vor:

1. Soll der Text ausschließlich in einer ganz bestimmten Dokumentvorlage zur Verfügung gestellt werden, müssen Sie ein Dokument auf Basis dieser Vorlage öffnen (siehe Tipp 083 »Geschäftsbrief auf Basis der Dokumentvorlage erstellen« auf Seite 123). Nutzen Sie den Text in allen Dokumenten, also unabhängig von der Vorlage, ist es egal, in welchem Dokument Sie den Schnellbaustein erstellen.
2. Schreiben Sie den immer wiederkehrenden Text, und formatieren Sie ihn Ihren Wünschen entsprechend. Markieren Sie ihn dann.
3. Klicken Sie im Register **Einfügen** in der Gruppe **Text** auf **Schnellbausteine ▸ Auswahl im Schnellbaustein-Katalog speichern** ①.

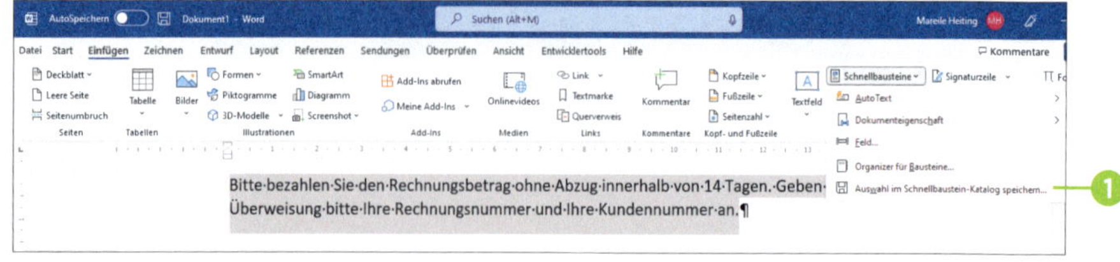

4. Im Dialog **Neuen Baustein erstellen** geben Sie in das Feld **Name** ② eine griffige Bezeichnung ein – je kürzer, desto besser.

5. Im Feld **Beschreibung** ③ könnten Sie für andere Nutzer*innen eine kurze Erklärung ergänzen.

6. Soll der Schnellbaustein mit einer ganz bestimmten Dokumentvorlage verknüpft sein, wählen Sie diese im Feld **Speichern in** aus ④. Die Vorlage wird hier nur angeboten, wenn das aktuelle Dokument bereits auf dieser Vorlage basiert (siehe Schritt 1). Wenn Sie den Schnellbaustein in allen Dokumenten zur Verfügung stellen – also unabhängig von der verwendeten Dokumentvorlage –, entscheiden Sie sich im Feld **Speichern in** für die **Building Blocks** ⑤.

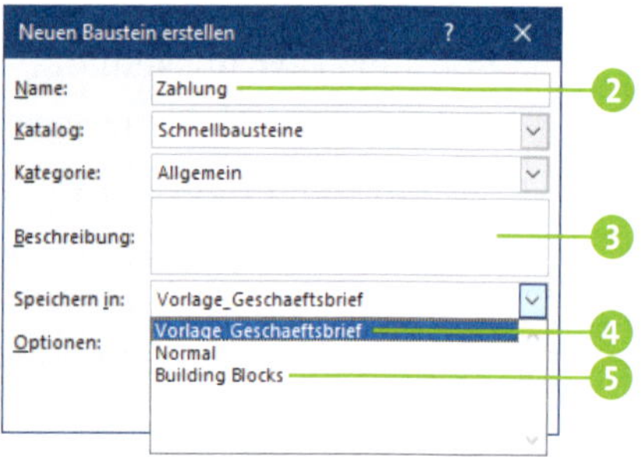

7. Im Feld **Optionen** darunter stehen Ihnen für das spätere Einfügen der Textpassage drei Varianten zur Auswahl: Sie können nur den Inhalt einfügen, beim Einfügen des Inhalts zugleich einen neuen Absatz erzeugen oder sogar die Textpassage auf einer eigenen Seite ergänzen. Mit **OK** speichern Sie den Schnellbaustein.

Schnellbaustein verwenden

Tipp 092

Ist die Textpassage einmal als Schnellbaustein angelegt (siehe den vorherigen Tipp), fügen Sie ihn blitzschnell in Ihre Dokumente ein:

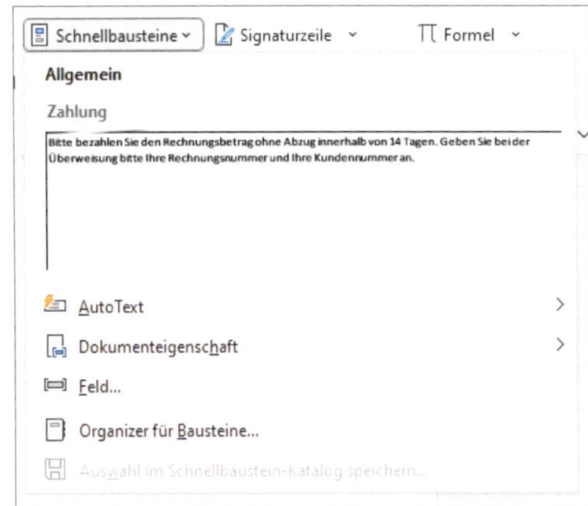

1. Positionieren Sie den Cursor an der Stelle im Dokument, an der die Textpassage eingefügt werden soll.
2. Klicken Sie im Register **Einfügen** auf **Schnellbausteine** und dann auf den gewünschten Baustein. Fertig.

Wenn Sie den Namen des Schnellbausteins im Kopf haben, geht es nach Schritt 1 sogar noch schneller: Tippen Sie den Namen ein. Wird der Name des Schnellbausteins oberhalb Ihrer Eingabe als QuickInfo eingeblendet, drücken Sie die Taste ↵. Der Name wird sofort durch den Inhalt des Schnellbausteins ersetzt.

Schnellbaustein ändern oder löschen

Tipp 093

Wenn Sie den Inhalt eines Schnellbausteins ändern möchten, fügen Sie diesen zunächst wie im vorherigen Tipp gezeigt in ein Dokument ein. Nehmen Sie dann die gewünschten Korrekturen vor. Wichtig ist nun, dass Sie ihn unter dem gleichen Namen wie zuvor speichern. Wie Sie hierzu vorgehen, lesen Sie in Tipp 091 »Schnellbaustein erstellen und speichern« ab Seite 135.

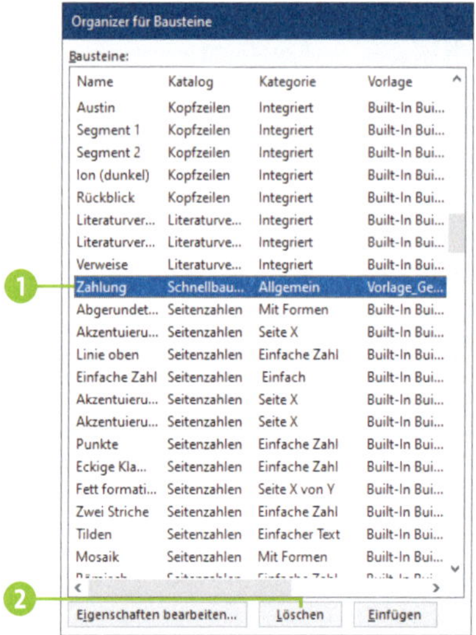

Benötigen Sie einen Schnellbaustein nicht mehr, blenden Sie im Register **Einfügen** die **Schnellbausteine** ein. Nach einem rechten Mausklick auf den Schnellbaustein wählen Sie im Kontextmenü **Organisieren und löschen**. Im folgenden Dialog ist der Schnellbaustein bereits markiert (1). Mit **Löschen** (2) entfernen Sie ihn aus dem **Organizer für Bausteine**.

Rechtschreibprüfung in mehreren Sprachen durchführen

Bevor Sie eine längere Textpassage als Schnellbaustein speichern, sollten Sie sicherstellen, dass sich kein Tippfehler eingeschlichen hat. Die Rechtschreibprüfung lässt sich schnell durch Drücken der Taste [F7] starten. Rechtschreibfehler unterkringelt Word rot. Das Programm prüft die Texte standardmäßig anhand des deutschen Wörterbuches. Enthält Ihr Text auch fremdsprachige Wörter, markieren Sie diese. Klicken Sie in der Statusleiste am unteren Rand des Programmfensters auf **Deutsch (Deutschland)** (3). Im Dialog **Sprache** wählen Sie die gewünschte Sprache (4) aus und bestätigen mit **OK**. Word legt für die Überprüfung des markierten Textes nun das Wörterbuch in der ausgewählten Sprache zugrunde. Voraussetzung ist allerdings, dass das entsprechende Sprachpaket auch installiert wurde. Ist die Sprache nicht mit einem Häkchen (als Zeichen dafür, dass sie installiert wäre) versehen, rufen Sie im Register **Überprüfen** nacheinander **Sprache** ► **Spracheinstellungen** auf. Klicken Sie im Dialog **Word-Optio-**

nen auf **Sprache hinzufügen**, markieren Sie die gewünschte Sprache, und bestätigen Sie sie mit **OK**. Falls Sie das Hinzufügen von Sprachpaketen in Ihrer Firma nicht selbst durchführen können, fragen Sie in der IT-Administration nach, ob jemand Sie hierbei unterstützen kann.

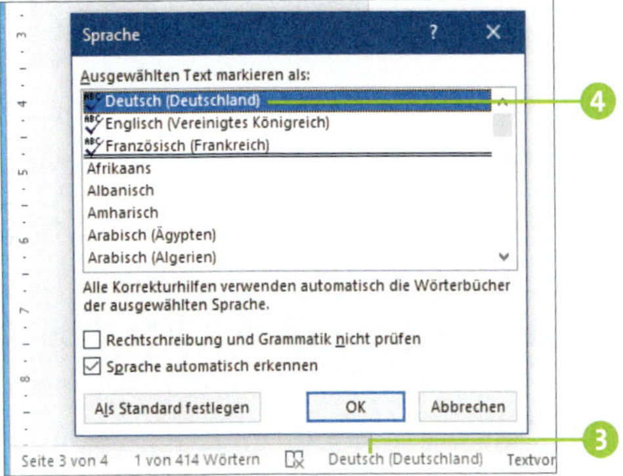

Gewusst, wie – Serienbriefe gekonnt erstellen

Ein Brief soll an viele Personen verschickt werden? Im Berufsalltag ist dies keine Seltenheit. Im Folgenden zeigen wir Ihnen an einem kleinen Beispiel, wie Sie einen solchen Serienbrief erstellen. Hierfür benötigen Sie zwei Dateien: Die erste enthält den Brieftext, den Sie versenden möchten. Alle variablen Angaben wie etwa Anschrift und Anrede werden hier durch Seriendruckfelder ersetzt. Diese variablen Daten befinden sich in der zweiten Datei, der Datenquelle. Dabei kann es sich um eine simple Excel-Tabelle handeln, eine aufwendigere Datenbank (z. B. eine Access-Datenbank) oder auch um Ihre Outlook-Kontakte. Beide Dateien – also Hauptdokument und Datenquelle – werden miteinander verknüpft. Dabei ersetzt Word die Felder durch die realen Daten. Als Ergebnis erhalten Sie Ihre Briefe, die nun alle mit einer individuellen Anschrift und Anrede versehen sind.

Tipp 094

Hauptdokument erstellen

Zunächst erstellen Sie ein Hauptdokument, das nur den Text enthält, der an alle Empfänger*innen des Briefs gerichtet ist.

1. Haben Sie für Ihre Geschäftsbriefe eine eigene Dokumentvorlage erstellt, bietet es sich an, ein leeres Dokument auf Basis dieser Vorlage zu öffnen (siehe Tipp 083 »Geschäftsbrief auf Basis der Dokumentvorlage erstellen« auf Seite 123). Schreiben Sie Ihren Brief, lassen Sie dabei aber variable Angaben wie Anschrift oder auch Anrede weg.

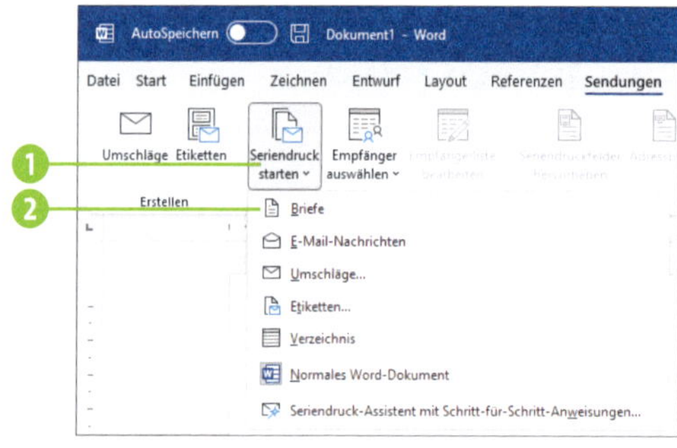

2. Wechseln Sie in das Register **Sendungen**, und klicken Sie auf **Seriendruck starten** 1.

3. Wählen Sie im Menü den Dokumenttyp aus, den Sie erstellen möchten, also etwa **Briefe** 2.

Tipp 095

Hauptdokument mit Datenquelle verknüpfen

Als Nächstes geben Sie an, in welcher Datenquelle sich die variablen Daten befinden. In unserem Beispiel gehen wir davon aus, dass Sie diese in einer Excel-Tabelle gespeichert haben. Lesen Sie hierzu auch den Kasten »Aufbau von Excel-Tabellen für Serienbriefe« auf dieser Seite. Sollten Sie sich für eine andere Datenquelle entscheiden, ist das Vorgehen sehr ähnlich.

1. Klicken Sie im Register **Sendungen** in der Gruppe **Seriendruck starten** auf **Empfänger auswählen ▸ Vorhandene Liste verwenden** (1).

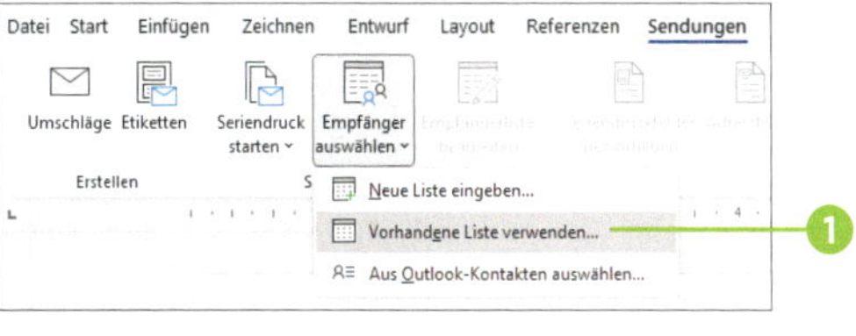

2. Im Dialog **Datenquelle auswählen** wechseln Sie in den Ordner, in dem sich die gewünschte Excel-Datei befindet, und wählen diese per Doppelklick aus.

3. Enthält die Datei mehrere Tabellenblätter, markieren Sie im Dialog **Tabelle auswählen** das Tabellenblatt, das die Adressdaten enthält (2). Stellen Sie sicher, dass **Erste Datenreihe enthält Spaltenüberschriften** aktiviert ist (3), bevor Sie mit **OK** bestätigen.

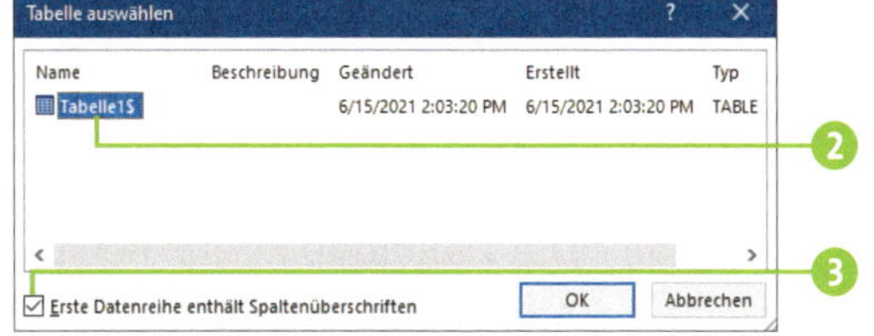

Aufbau von Excel-Tabellen für Serienbriefe

Wenn Sie eine Excel-Tabelle als Datenquelle für den Serienbrief nutzen möchten, muss diese bestimmte Bedingungen erfüllen. Tragen Sie z. B. in der ersten Zeile unbedingt die Spaltenüberschriften wie Anrede, Vorname, Name, Straße, PLZ und Ort ein. Etwas trickreich ist in Excel die Erfassung der Postleitzahl: Bei der Angabe »01067« für Dresden würde Excel die führende Null einfach löschen. Damit dies nicht passiert, markieren Sie die gesamte Spalte mit den Postleitzahlen per Klick auf den Spaltenkopf (4). Nach einem rechten Mausklick auf den Spaltenkopf wählen Sie **Zellen formatieren**. Markieren Sie links die Kategorie **Benutzerdefiniert** (5).

Überschreiben Sie die Angabe im Feld **Typ** mit »00000« 6. Bestätigen Sie den Dialog nun mit **OK**, behält Excel die führende Null bei Eingabe der Postleitzahl bei.

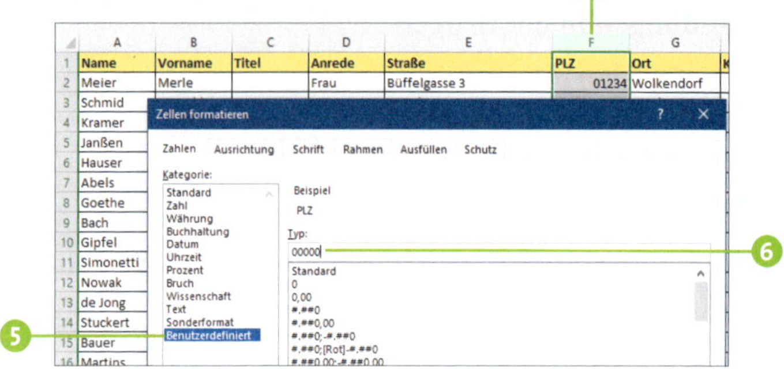

Tipp 096

Adressen sortieren

Die Datenquelle, im Beispiel also die Excel-Tabelle, enthält Adressaten, denen Sie keinen Brief schicken möchten? Kein Problem, die Empfängerliste lässt sich noch bequem in Word anpassen:

1. Klicken Sie im Register **Sendungen** in der Gruppe **Seriendruck starten** auf **Empfängerliste bearbeiten** 1.
2. Im Dialog **Seriendruckempfänger** sind zunächst alle Datensätze mit einem Häkchen 2 versehen. Ist die Adressliste nicht zu umfangreich, können Sie schnell das Häkchen vor den Personen entfernen, die den Brief nicht erhalten sollen.
3. Mit einem Klick auf eine der Spaltenüberschriften (z. B. **Ort** oder auch **PLZ** 3) sortieren Sie die Adressliste schnell der entsprechenden Kategorie nach. Ein erneuter Klick auf die Überschrift dreht die alphabetische Sortierreihenfolge um, also statt A–Z nun Z–A.

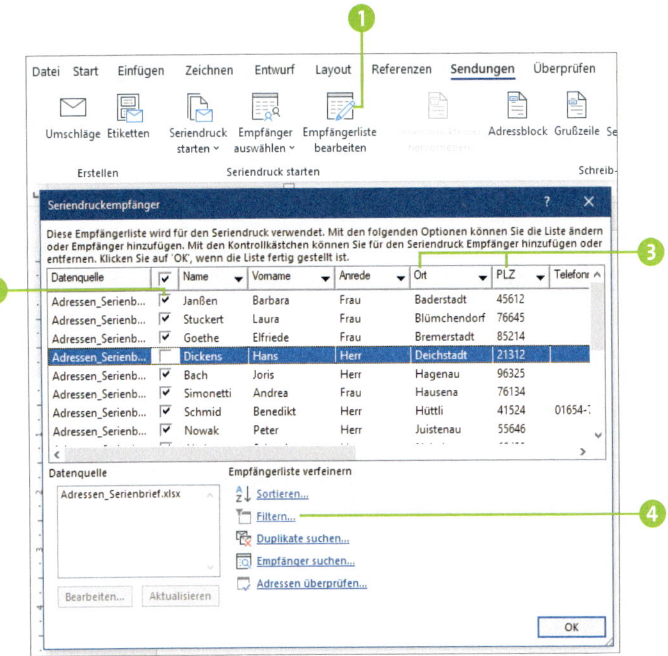

Tipp 097

Empfängerliste filtern

Ihr Brief richtet sich nur an einen Personenkreis in einer bestimmten Region? In diesem Fall können Sie die Empfängerliste z. B. auf einen bestimmten Postleitzahlbereich einschränken.

1. Klicken Sie im Dialog **Seriendruckempfänger** unter **Empfängerliste verfeinern** auf **Filtern** (4).
2. Im Dialog **Filtern und sortieren** klicken Sie im Register **Datensätze filtern** in das erste **Feld**. Wählen Sie hier das Kriterium aus, nach dem die Empfängerliste gefiltert werden soll. In unserem Beispiel ist dies die Postleitzahl, also **PLZ** (5).
3. Klicken Sie in der Spalte **Vergleich** auf das erste Feld, und wählen Sie für unser Beispiel **Größer als** (6) aus. Im Feld

Vergleichen mit wird die kleinste Postleitzahl eingetragen, an die der Brief noch verschickt werden soll ⑦.

4. Den Operator **Und** ⑧ in der zweiten Zeile behalten Sie für unser Beispiel bei. Als **Feld** wird wieder **PLZ** eingestellt ⑨. Im Feld **Vergleich** wählen Sie nun **Kleiner als** ⑩. Im Feld **Vergleichen mit** tragen Sie die größte Postleitzahl ein ⑪. Schließen Sie den Dialog **Filtern und sortieren** mit **OK**.

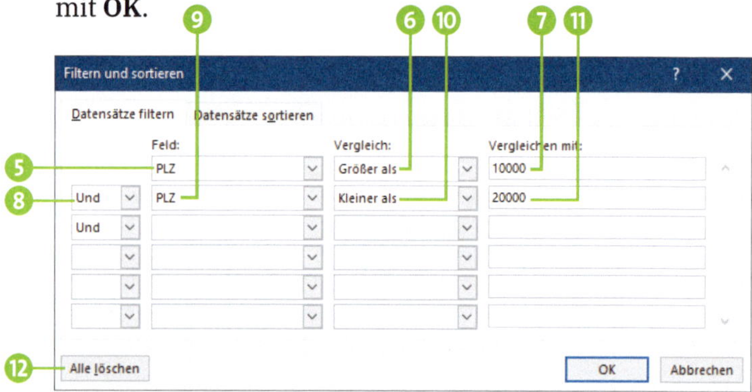

5. Im Dialog **Seriendruckempfänger** werden nun nur noch die Datensätze angezeigt, deren Postleitzahl die soeben in Schritt 4 festgelegten Bedingungen erfüllt. Sollte Ihnen beim Filtern ein Fehler unterlaufen sein, klicken Sie einfach erneut auf **Filtern** (④ auf Seite 143), dann auf **Alle löschen** ⑫. Legen Sie die Bedingungen nun erneut fest, wie in den Schritten 2 bis 4 gezeigt. Beenden Sie anschließend auch den Dialog **Seriendruckempfänger** mit **OK**.

Tipp 098

Seriendruckfelder im Hauptdokument ergänzen

Nun beginnen Sie, im Hauptdokument die Seriendruckfelder zu ergänzen. Diese dienen als Platzhalter, die in einem späteren Schritt von Word automatisch durch die eigentlichen Daten ersetzt werden.

1. Positionieren Sie die Einfügemarke im Dokument an der Stelle, an der das erste Seriendruckfeld eingefügt werden soll.
2. Klicken Sie im Register **Sendungen** in der Gruppe **Schreib- und Einfügefelder** auf den Pfeil rechts bzw. unterhalb von **Seriendruckfeld einfügen** ① (die Position hängt von der Größe des Programmfensters von Word ab).
3. Im aufklappenden Menü werden nun alle Spaltenüberschriften der Datenquelle aufgeführt. Markieren Sie das erste Seriendruckfeld.
4. Ergänzen Sie analog alle weiteren Seriendruckfelder, die Sie in Ihrem Brief benötigen. Vergessen Sie dabei nicht, die nötigen Leerzeichen zwischen den Feldern (etwa Vorname und Name) zu ergänzen.

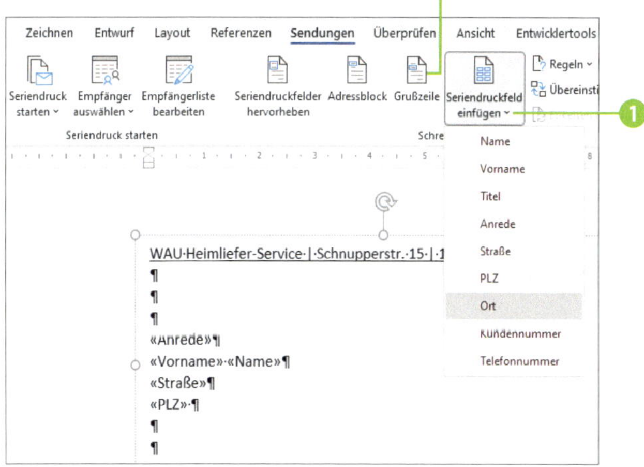

5. Sollten Sie versehentlich ein falsches Feld ausgewählt haben, setzen Sie die Einfügemarke hinter die schließenden spitzen Klammern des Seriendruckfeldes. Nun zweimal die Taste `Entf` gedrückt, und das Feld ist wieder gelöscht.

Tipp 099

Grußzeile ergänzen

Ein Brief beginnt normalerweise mit einer kurzen Anrede, z. B. »Sehr geehrte Frau Mustermann«. Haben Sie in der Datenquelle eine Spalte mit den entsprechenden Zusätzen »Herr« bzw. »Frau« berücksichtigt, können Sie Word das Einfügen der Grußzeile überlassen.

1. Positionieren Sie die Einfügemarke an der Stelle, an der die Anrede ergänzt werden soll. Klicken Sie im Register **Sendungen** in der Gruppe **Schreib- und Einfügefelder** auf **Grußzeile** (2 auf Seite 145).
2. Im Dialog **Grußzeile einfügen** legen Sie unterhalb von **Format für Grußzeile** die gewünschte Anrede 3 fest. Ihre Auswahl können Sie sofort in der Vorschau 4 prüfen. Über die Pfeiltasten 5 gelangen Sie von einem Datensatz zum nächsten.
3. Für all diejenigen Datensätze, bei denen in der Adressliste die Anrede »Herr« oder »Frau« nicht ergänzt wurde, schlägt Word die neutrale Begrüßung »Sehr geehrte Damen und Herren« vor 6. Diese sollten Sie durchaus beibehalten. Mit **OK** übernehmen Sie die Einstellungen.

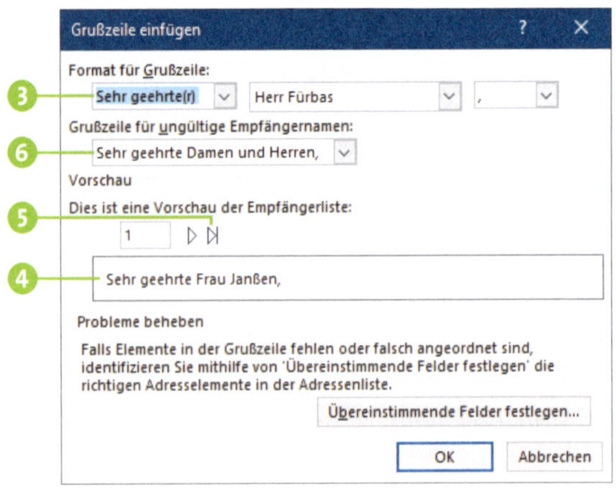

Sollten in Ihrem Brief noch weitere variable Daten auftauchen, wie etwa die Kundennummer o. Ä., ergänzen Sie auch hierfür noch die entsprechenden Seriendruckfelder wie in Tipp 098 »Seriendruckfelder im Hauptdokument ergänzen« auf Seite 144 gezeigt.

Prüfender Blick auf die Vorschau des Serienbriefs

Tipp 100

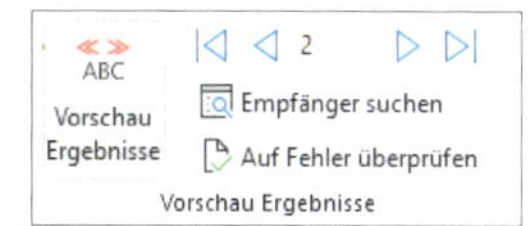

Bevor Sie den fertigen Serienbrief ausdrucken, sollten Sie einen prüfenden Blick auf die einzelnen Briefe werfen. Hierzu reicht ein Klick auf die Schaltfläche **Vorschau Ergebnisse** in der gleichnamigen Gruppe des Registers **Sendungen**. Die Seriendruckfelder werden nun durch die realen Daten der Adressliste ersetzt. Über die Pfeiltasten gelangen Sie von einem Datensatz zum nächsten. Ein erneuter Klick auf **Vorschau Ergebnisse** blendet die Vorschau wieder aus. Sollte Ihnen irgendwo ein Fehler aufgefallen sein, können Sie diesen nun noch korrigieren. Fehler in den Datensätzen der Adressliste (etwa eine falsche Anrede) müssen in der Datenquelle (also z. B. der Excel-Tabelle) selbst korrigiert werden. Hierzu klicken Sie im Register **Sendungen** auf **Empfängerliste bearbeiten** (siehe die Abbildung zu Tipp 096 »Adressen sortieren« auf Seite 143). Im folgenden Dialog markieren Sie im Feld **Datenquelle** die Empfängerliste und klicken auf **Bearbeiten**. Nehmen Sie die Korrekturen vor, und bestätigen Sie dann mit **OK** und **Ja**.

Serienbrief fertigstellen und drucken

Tipp 101

Sind Sie mit dem Brief zufrieden? Dann geht es nun an das Ausdrucken. Zuvor sollten Sie das Hauptdokument über **Datei ▸ Speichern unter** unter einem aussagekräftigen Namen speichern.

1. Um den Druckvorgang zu starten, klicken Sie im Register **Sendungen** auf **Fertig stellen und zusammenführen**.

2. Wählen Sie im aufklappenden Menü den Befehl **Dokumente drucken**. Wenn Sie möchten, können Sie noch festlegen, welche Datensätze ausgedruckt werden sollen.

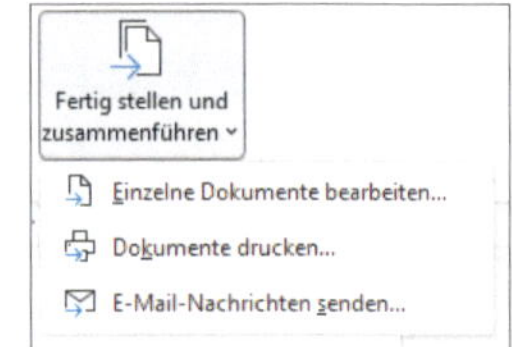

3. Im Dialog **Drucken** nehmen Sie wie gewohnt alle nötigen Einstellungen für den Druckauftrag vor, bevor Sie den Druckvorgang starten.

Tipp 102

Serienbrief in einem Dokument speichern

Soll der Serienbrief erst zu einem späteren Zeitpunkt ausgedruckt werden, sichern Sie ihn jetzt am besten in einem eigenen Dokument. Hierzu wählen Sie nach einem Klick auf **Fertig stellen und zusammenführen** den Befehl **Einzelne Dokumente bearbeiten**. Markieren Sie im folgenden Dialog **Alle Datensätze**, erzeugt Word eine Datei, die alle Briefe mit den realen Datensätzen enthält. Besteht der Brief z. B. aus einer Seite und richtet sich an 12 Empfänger, besteht die Datei somit aus insgesamt 12 Seiten. Jede Seite kann individuell korrigiert werden. Vergessen Sie nicht, auch diese Datei zu speichern.

Lästige Autokorrekturen verhindern

Haben Sie ein Wort mit einem Punkt abgekürzt (Beispiel: bez. für bezahlt), beginnt Word das nächste Wort automatisch mit einem Großbuchstaben. Auch so manch ein Buchstabendreher wird eigenmächtig ausgebessert. Sind Sie mit der Korrektur nicht einverstanden, reicht ein Klick auf den kleinen Balken, der anschließend unter dem ersten Buchstaben des korrigierten Wortes erscheint, und schon können Sie die Aktion rückgängig machen. Wird der Balken nicht eingeblendet, klicken Sie einmal in das Wort.

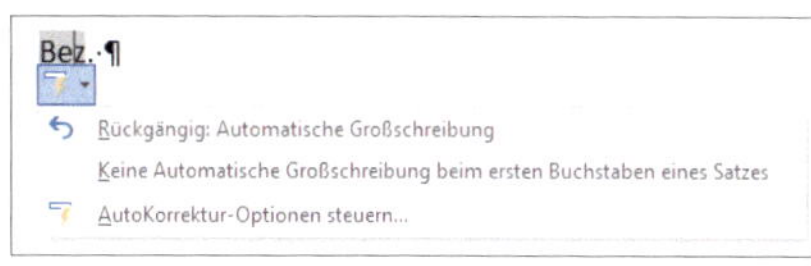

Automatische Korrekturen verhindern

Tipp 103

Nehmen die Korrekturen überhand, sollten Sie die AutoKorrektur-Optionen von Word entsprechend anpassen.

1. Rufen Sie **Datei ► Optionen** auf. Markieren Sie links **Dokumentprüfung**, und klicken Sie dann rechts auf **AutoKorrektur-Optionen**.

2. Um zu verhindern, dass Word nach Abkürzungen automatisch mit der Großschreibung fortfährt, entfernen Sie im Register **AutoKorrektur** das Häkchen vor **Jeden Satz mit einem Großbuchstaben beginnen** 1.

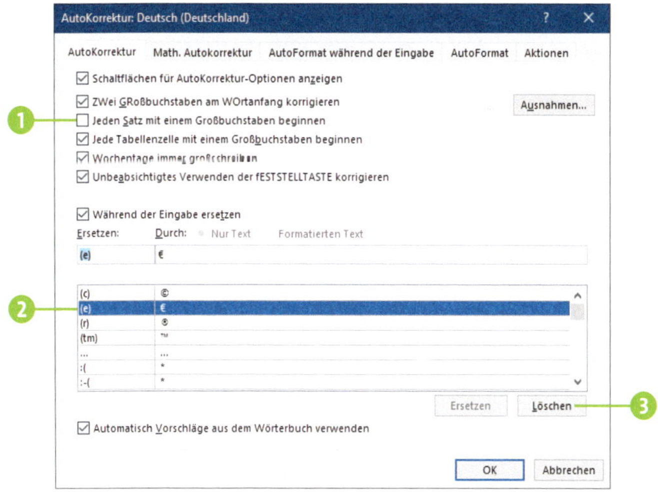

3. Manche Eingaben korrigiert Word automatisch. So ersetzt das Programm ein (e) sofort durch das Euro-Symbol €. Wünschen Sie diese Korrektur nicht, markieren Sie den entsprechenden Eintrag in der Liste 2 und klicken dann auf **Löschen** 3.

Tipp 104

Eigene Korrekturwünsche ergänzen

Die AutoKorrektur-Funktion ist allerdings nicht immer lästig. Denn mit etwas Geschick können Sie sie auch zu Ihrem Nutzen einsetzen. Gibt es beispielsweise ein Wort, bei dem Sie immer wieder den gleichen Buchstabendreher erzeugen? Dann fügen Sie es einfach den AutoKorrektur-Optionen hinzu. Sollten Sie in der Zwischenzeit den Dialog **AutoKorrektur** geschlossen haben, öffnen Sie ihn, wie im vorherigen Tipp unter Schritt 1 gezeigt.

1. Geben Sie in das Feld **Ersetzen** das falsch geschriebene Wort ein.

2. In das Feld **Durch** tragen Sie das Wort in korrekter Schreibweise ein. Bestätigen Sie die Angaben mit **Hinzufügen**.

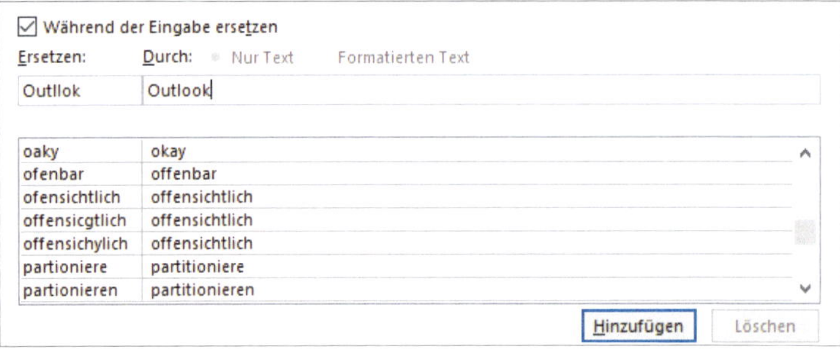

Anpassungen der AutoKorrektur-Optionen gelten auch für Excel und PowerPoint

Alle in den AutoKorrektur-Optionen vorgenommenen Änderungen werden übrigens automatisch in Programme wie Excel oder auch PowerPoint übernommen. Umgekehrt gilt dies natürlich auch: Passen Sie die AutoKorrektur-Optionen in einem dieser Programme an, gelten sie zukünftig auch in Word.

Eigene Registerkarten mit wichtigen Funktionen anlegen

Wo hat sich nur diese Funktion versteckt? Wer sich nicht nur das Suchen, sondern auch den ewigen Wechsel zwischen den Registern sparen möchte, stellt sich am besten eine eigene Registerkarte mit den am häufigsten benötigten Befehlen zusammen.

Neue Registerkarte anlegen

Tipp 105

Wie Sie ein eigenes Register hinzufügen, zeigen wir Ihnen am Beispiel von Word, die Schritte funktionieren analog aber auch in Excel, PowerPoint und Outlook.

1. Klicken Sie mit der rechten Maustaste auf eine der vorhandenen Registerkarten, z. B. **Start**. Im Kontextmenü wählen Sie **Menüband anpassen** (1).

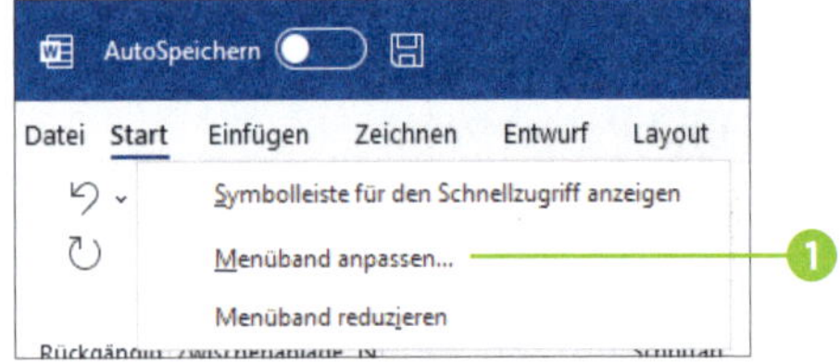

2. Klicken Sie im Dialog **Word-Optionen** auf **Neue Registerkarte** ②. In der Liste **Hauptregisterkarten** wird der Eintrag **Neue Registerkarte (Benutzerdefiniert)** inklusive **Neue Gruppe (Benutzerdefiniert)** ③ hinzugefügt.

3. Markieren Sie **Neue Registerkarte**, klicken Sie auf **Umbenennen**, und vergeben Sie einen Namen, z.B. »Mein Register«. Benennen Sie analog auch **Neue Gruppe** um. Hier können Sie auch ein Symbol auswählen, das im Register erscheint, wenn der Gruppenname aus Platzgründen nicht vollständig eingeblendet werden kann.

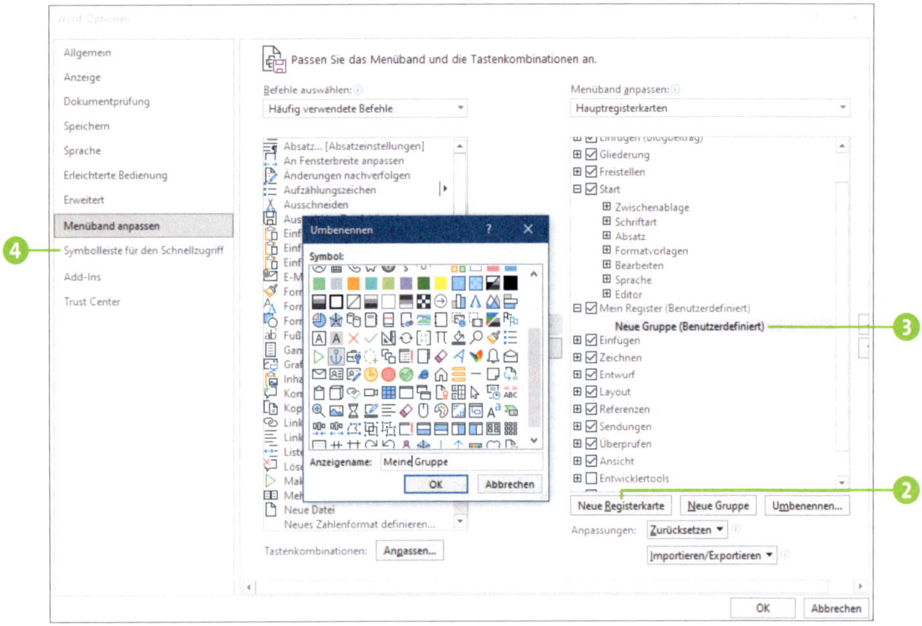

Symbolleiste für den Schnellzugriff einblenden

In der neuesten Version von Microsoft 365 finden Sie im Kontextmenü eines Registerreiters übrigens auch den Befehl zum Einblenden der Symbolleiste für den Schnellzugriff (4 auf Seite 152). Diese wird anschließend zunächst unterhalb des Menübands angezeigt. Wenn Sie die Position über dem Menüband vorziehen, rufen Sie per rechten Mausklick auf die Symbolleiste das Kontextmenü auf und wählen hier den entsprechenden Befehl aus.

Schaltflächen hinzufügen

Tipp 106

Nun füllen Sie das eigene Register mit den Befehlen, die Sie häufig benötigen. Als Beispiel wählen wir den Befehl **Wörter zählen**, den Sie sonst über das Register **Überprüfen** in der Gruppe **Rechtschreibung** erreichen. Die Schaltfläche ist ausgesprochen nützlich, wenn Sie z. B. die Zeichenanzahl eines Dokuments ermitteln müssen, was vor allem für Online-Veröffentlichungen häufig nötig ist.

1. Wählen Sie im Feld **Befehle auswählen** den Eintrag **Alle Registerkarten** 1 aus.

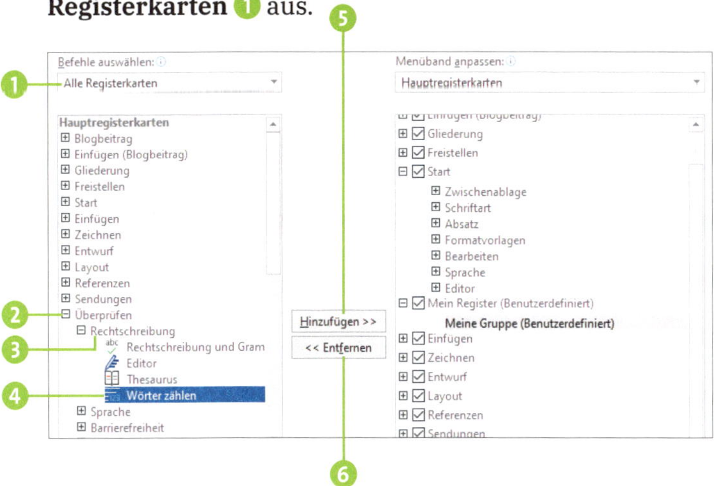

2. In der Liste darunter werden nun alle Registerkarten aufgeführt. Für unser Beispiel blättern Sie nach unten bis zum Register **Überprüfen** ②. Blenden Sie per Klick auf das Plussymbol vor dem Registernamen die Gruppen des Registers ein.
3. Analog lassen Sie sich nach einem Klick auf das Plussymbol vor **Rechtschreibung** ③ die Befehle dieser Gruppe anzeigen.
4. Markieren Sie den Befehl **Wörter zählen** ④. Ein Klick auf **Hinzufügen** ⑤, und der Befehl wird rechts unterhalb der gerade erzeugten Gruppe aufgelistet. Wiederholen Sie die Schritte 2 bis 4 für alle anderen Befehle, die Sie häufig benötigen.
5. Um eine Schaltfläche wieder aus Ihrer Registerkarte zu entfernen, markieren Sie den entsprechenden Befehl rechts und klicken dann auf **Entfernen** ⑥ sowie **OK**.

Tipp 107 Reihenfolge von Befehlen, Gruppen und Registerkarten anpassen

Die Reihenfolge, in der die Befehle innerhalb einer Gruppe angezeigt werden, lässt sich übrigens schnell ändern, indem Sie einen Befehl einfach mit gedrückter linker Maustaste verschieben. Analog können Sie auch die Anordnung von Gruppen innerhalb einer Registerkarte sowie die Reihenfolge der Registerkarten selbst anpassen. Haben Sie alle Einstellungen vorgenommen, schließen Sie den Dialog **Word-Optionen** mit einem Klick auf **OK**.

Eigene Registerkarte entfernen

Tipp 108

Sollten Sie Ihre eigene Registerkarte später doch lieber wieder entfernen wollen, rufen Sie den Dialog **Menü-Optionen** erneut per rechten Mausklick auf eine Registerkarte und Auswahl von **Menüband anpassen** auf. Klicken Sie mit der rechten Maustaste auf Ihre Registerkarte, und wählen Sie **Entfernen**. Soll die Registerkarte lediglich ausgeblendet, nicht aber gelöscht werden, reicht es, wenn Sie das Häkchen im Kontrollkästchen vor dem Registernamen entfernen.

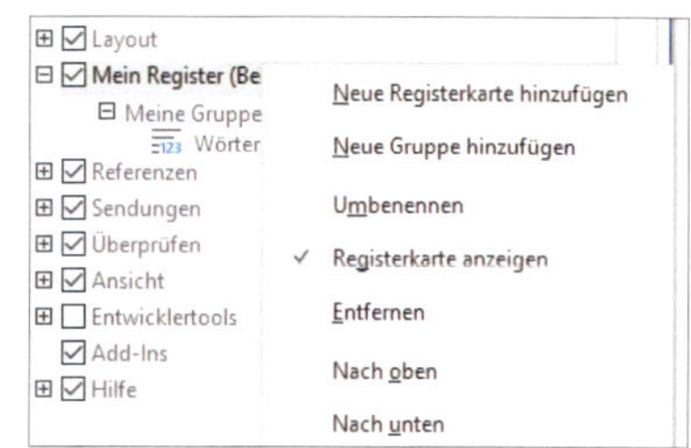

Den Speicherpfad in Word-Dokumenten angeben

Gerade bei der Arbeit im Team kann es ganz hilfreich sein, in einem Dokument den Speicherort der Datei anzugeben. Druckt man das Dokument z. B. aus, findet man auch später noch die dazugehörige Datei wieder. Damit Word den Speicherpfad automatisch in der Fußzeile ergänzt, rufen Sie **Einfügen ▸ Fußzeile ▸ Fußzeile bearbeiten** auf. Im Register **Kopf- und Fußzeile** klicken Sie auf **Schnellbausteine ▸ Feld**. Markieren Sie im folgenden Dialog unter **Feldnamen** den Eintrag **FileName** 1. Versehen Sie **Pfad zum Dateinamen hinzufügen** mit einem Häkchen 2. Bestätigen Sie mit **OK**, und der Speicherpfad der Datei erscheint in der Fußzeile.

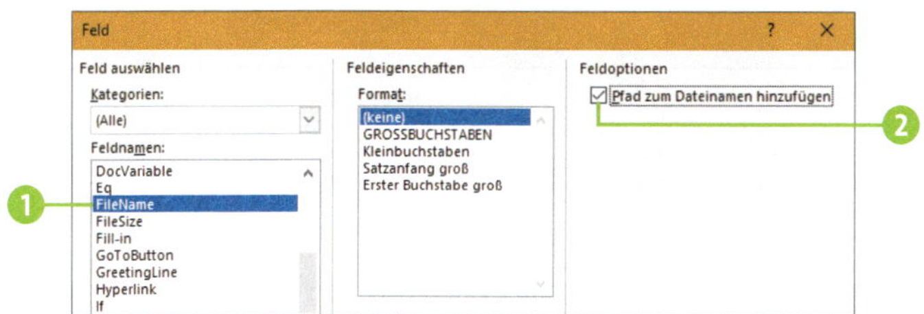

Rechnen, Kalkulieren, Analysieren mit Excel

Datenreihen automatisch ausfüllen lassen

Wenn es um Datenauswertungen, Berechnungen, Diagramme und Logikprüfungen geht, führt kein Weg an Excel vorbei. In diesem Kapitel stellen wir Ihnen einige Tricks vor, die Ihnen die Arbeit mit dem anspruchsvollen Tabellenkalkulationsprogramm erleichtern.

Bevor Sie Daten in Excel verarbeiten können, müssen diese zuerst importiert oder manuell eingegeben werden. Vor allem Letzteres kann viel Zeit in Anspruch nehmen. Zum Glück bietet Excel aber einige Funktionen, mit deren Hilfe die Eingabe schnell erledigt ist.

AutoVervollständigen von Zellen

Tipp 109

Excel merkt sich genau, welche Eingaben Sie in einer Spalte vornehmen. Wiederholen sich Texte oder auch Text-Zahl-Kombinationen ①, vervollständigt das Programm Ihre Eingabe automatisch schon nach den ersten Buchstaben ②. Der Text ist zunächst noch grau hinterlegt. Sind Sie mit dem Vorschlag einverstanden, übernehmen Sie ihn einfach durch Drücken der Taste [↵]. Damit sparen Sie sich einiges an lästiger Tipparbeit.

	A	B	C	D
1	**Kunde**	**Auftragsnummer**	**Kundennummer**	**Vertriebsgebiet**
2	Merle Meier	2021-57158-47	812	Bayern
3	Benedikt Schmid	2021-57158-48	510	Bayern
4	Markus Kramer	2021-57158-49	342	Niedersachsen ①
5	Barbara Janßen	2021-57158-50	112	Brandenburg
6	Katrin Hauser	2021-57158-51	730	Niedersachsen ②

Tipp 110

AutoAusfüllen von Datenreihen

Für das Einfügen von Wochentagen, Monaten und fortlaufenden Datumsangaben gibt es einen besonders schnellen Weg:

1. Tragen Sie in eine Zelle die erste Angabe ein, z. B. »Jan 22« ❶.
2. In der rechten unteren Ecke der Zelle sehen Sie das kleine Ausfüllkästchen ❷. Soll nur eine einzelne Zahl in die darunter liegenden Zellen kopiert werden, ziehen Sie es mit gedrückter linker Maustaste nach unten. Möchten Sie jedoch fortlaufende Zahlen eingeben (z. B. 10, 11, 12 etc.), halten Sie während des Ziehens einfach die Taste `Strg` gedrückt.
3. Bereits während des Ziehens erfahren Sie in den *QuickInfos* ❸, welche Ergänzungen Excel in den Zellen vornehmen wird. Lassen Sie die Maustaste los, werden die Zellen automatisch gefüllt. Das Verfahren lässt sich analog auch zeilenweise einsetzen.

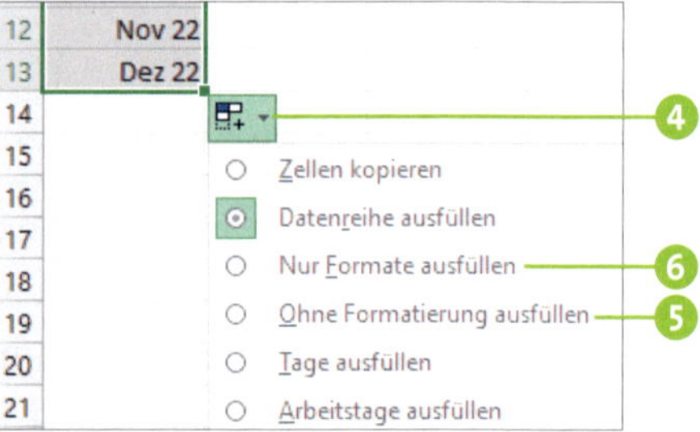

4. Kaum dass Sie die Maustaste losgelassen haben, erscheint auch schon das Symbol **Auto-Ausfülloptionen** ❹. Ein Klick hierauf, und es werden Ihnen weitere Optionen angeboten. War die erste Zelle z. B. formatiert, können Sie die Zellen **Ohne Formatierung ausfüllen** ❺ lassen. Es werden also nur die Werte übernommen, nicht aber die Formatierungen. Interessieren Sie umgekehrt nur die

Formatierungen, übernehmen Sie diese mit **Nur Formate ausfüllen** 6. Die Angaben, die Excel bereits in den Zellen eingetragen hatte, verschwinden damit wieder.

Datenreihe auf Basis mindestens zweier Werte

Tipp 111

Wollen Sie auf Basis von mindestens zwei eingegebenen Werten eine Datenreihe erzeugen, gehen Sie so vor:

1. Markieren Sie sowohl die bereits eingegebenen Werte als auch den Bereich, der gefüllt werden soll.
2. Rufen Sie dann im Register **Start** in der Gruppe **Bearbeiten** über **Ausfüllen ▸ Datenreihe** den Dialog **Reihe** auf.
3. Soll die Datenreihe mit konstanten Werten fortgesetzt werden, aktivieren Sie die Option **Linear** 1. Geben Sie im Feld **Inkrement** den jeweils hinzuzufügenden Wert und ggf. einen **Endwert** an. Im Beispiel in der folgenden Abbildung soll z.B. der Wert jeweils um **100** 2 erhöht werden, bis der Endwert **1000** 3 erreicht ist.

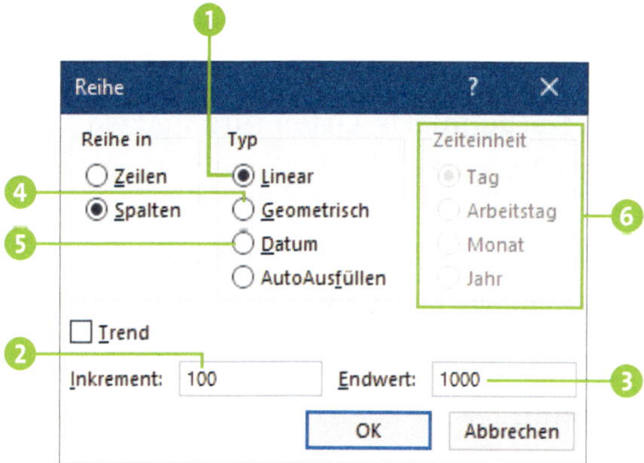

4. Aktivieren Sie die Option **Geometrisch** 4, vervielfacht Excel den Wert von einer Zelle zur nächsten (z.B. 1, 2, 4, 8 etc.).

5. Für das Fortschreiben von Datumsangaben nutzen Sie die Option **Datum** 5. Im Bereich **Zeiteinheit** 6 geben Sie dann an, ob die Reihe tageweise, monatsweise oder jahresweise fortgesetzt werden soll.
6. Bestätigen Sie mit **OK**, füllt Excel den markierten Bereich entsprechend Ihren Vorgaben auf.

Tipp 112

Eigene Listen erstellen

Müssen Sie häufiger auf eigene Listen, etwa von Produkten oder Kundendaten, zurückgreifen? Dann speichern Sie diese am besten in Excel.

1. Geben Sie die gewünschte Liste zunächst in die Tabelle ein. Markieren Sie sie dann 1.
2. Rufen Sie **Datei ▸ Optionen** auf.
3. Im Dialog **Excel-Optionen** markieren Sie links **Erweitert** und scrollen in der rechten Spalte nach unten bis zum Bereich **Allgemein**.
4. Klicken Sie auf **Benutzerdefinierte Listen bearbeiten**.
5. Im Dialog **Benutzerdefinierte Listen** wird im Feld **Liste aus Zellen importieren** 2 bereits der zuvor markierte Zellbereich eingeblendet. Mit einem Klick auf **Importieren** 3 übernehmen Sie die Daten. Ihre Liste wird jetzt im Feld **Benutzerdefinierte Listen** 4 aufgeführt und ist dort bereits ausgewählt.
6. Im Feld **Listeneinträge** 5 können Sie nun zusätzliche Einträge ergänzen. Benötigen Sie einen Listeneintrag nicht mehr, markieren Sie ihn und entfernen ihn mit **Löschen** 6. Schließen Sie die beiden geöffneten Dialoge mit einem Klick auf **OK**.

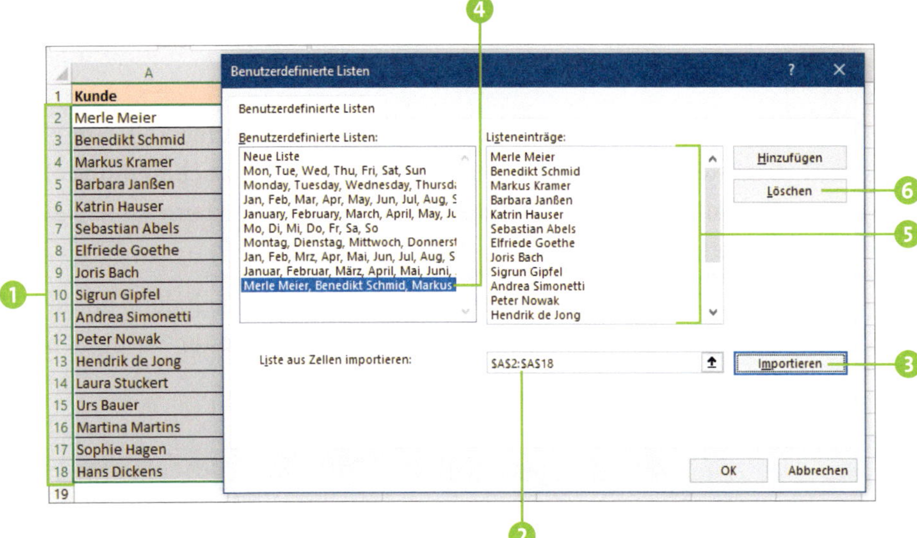

Damit steht Ihnen die neu erstellte Liste zur Verfügung. Nach Eingabe des ersten Wertes (im Beispiel also des ersten Namens) können Sie von nun an das Ausfüllkästchen nutzen (siehe Tipp 110 »AutoAusfüllen von Datenreihen« ab Seite 158), um die angrenzenden Zellen mit den weiteren Werten automatisch zu füllen.

Daten mit der Blitzvorschau aufteilen

Wenn Sie Daten aus einem anderen Programm in Excel importieren, kann es passieren, dass die Datenübernahme nicht immer der von Ihnen gewünschten Struktur entspricht. Ein Beispiel hierfür sind Vor- und Familienname, die womöglich in einer Zelle angezeigt werden, obwohl Sie zwei Zellen wünschen.

Tipp 113

Die Blitzvorschau anwenden

Damit Vor- und Familienname in zwei getrennten Zellen dargestellt werden, müssen Sie dank der Blitzvorschau in Excel zum Glück nicht alle Daten neu eingeben. Ein kleines Beispiel zeigt, wie es funktioniert:

1. Die Spalte A enthält sowohl den Vor- als auch den Familiennamen. Geben Sie in die Spalte B den ersten Vornamen ein, und drücken Sie die Taste ↵.

2. Sobald Sie in der nächsten Zeile der Spalte B den ersten Buchstaben des zweiten Vornamens tippen, bietet Excel Ihnen den entsprechenden Vornamen und automatisch auch alle folgenden an.

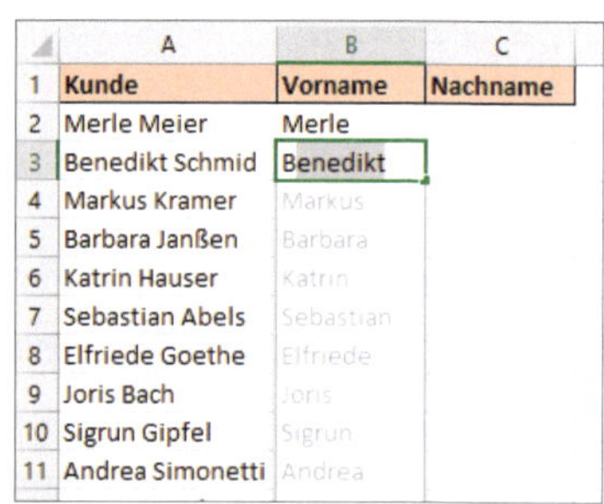

	A	B	C
1	Kunde	Vorname	Nachname
2	Merle Meier	Merle	
3	Benedikt Schmid	Benedikt	
4	Markus Kramer	Markus	
5	Barbara Janßen	Barbara	
6	Katrin Hauser	Katrin	
7	Sebastian Abels	Sebastian	
8	Elfriede Goethe	Elfriede	
9	Joris Bach	Joris	
10	Sigrun Gipfel	Sigrun	
11	Andrea Simonetti	Andrea	

Sind die angezeigten Vorschläge korrekt, übernehmen Sie sie durch Drücken der ↵-Taste. Entsprechend verfahren Sie bei den Nachnamen.

3. Sobald Sie die Daten ergänzt haben, erscheint das Symbol **Blitzvorschauoptionen**. Ein Klick hierauf, und Sie können die Vorschläge akzeptieren oder auch wieder rückgängig machen.

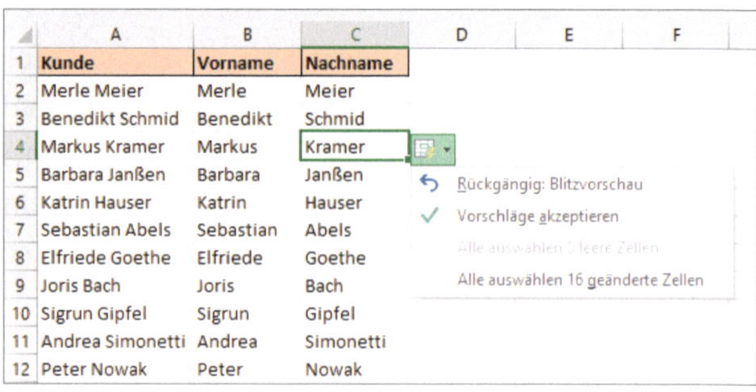

	A	B	C	D	E	F
1	Kunde	Vorname	Nachname			
2	Merle Meier	Merle	Meier			
3	Benedikt Schmid	Benedikt	Schmid			
4	Markus Kramer	Markus	Kramer			
5	Barbara Janßen	Barbara	Janßen			
6	Katrin Hauser	Katrin	Hauser			
7	Sebastian Abels	Sebastian	Abels			
8	Elfriede Goethe	Elfriede	Goethe			
9	Joris Bach	Joris	Bach			
10	Sigrun Gipfel	Sigrun	Gipfel			
11	Andrea Simonetti	Andrea	Simonetti			
12	Peter Nowak	Peter	Nowak			

Mit der Schnellanalyse Daten untersuchen

Möchten Sie gerne schnell ein Diagramm erzeugen, um umfangreiche Daten besser darzustellen? Oder benötigen Sie dringend eine Datenauswertung? All dies lässt sich in Excel mit nur wenigen Mausklicks und mithilfe der Schnellanalyse erledigen.

Die Schnellanalyse anwenden

Tipp 114

Wie der Name bereits impliziert: Eine Schnellanalyse ist in null Komma nichts durchgeführt:

1. Markieren Sie zunächst einen zusammenhängenden Datenbereich. Statt mit der Maus die Zellen zu markieren, können Sie den gewünschten Bereich auch in das **Namenfeld** ❶ in der Form »Zelle:Zelle« (also z. B. **C4:E14**) eingeben und mit der [↵]-Taste bestätigen.
2. Sobald Sie den Bereich markiert haben, wird das Symbol **Schnellanalyse** ❷ angezeigt. Klicken Sie hierauf, erscheint ein Dialog mit den Registern **Formatierung**, **Diagramme**, **Ergebnisse**, **Tabellen** und **Sparklines** (Kleinstdiagramme, die in einer Zelle dargestellt werden) ❸.
3. Wechseln Sie in das gewünschte Register, und fahren Sie dann mit der Maus über die einzelnen Symbole ❹. Excel erstellt sofort eine Vorschau der jeweiligen Aktion ❺. Haben Sie sich entschieden, reicht ein Mausklick auf das Symbol, und schon wird die Aktion ausgeführt.

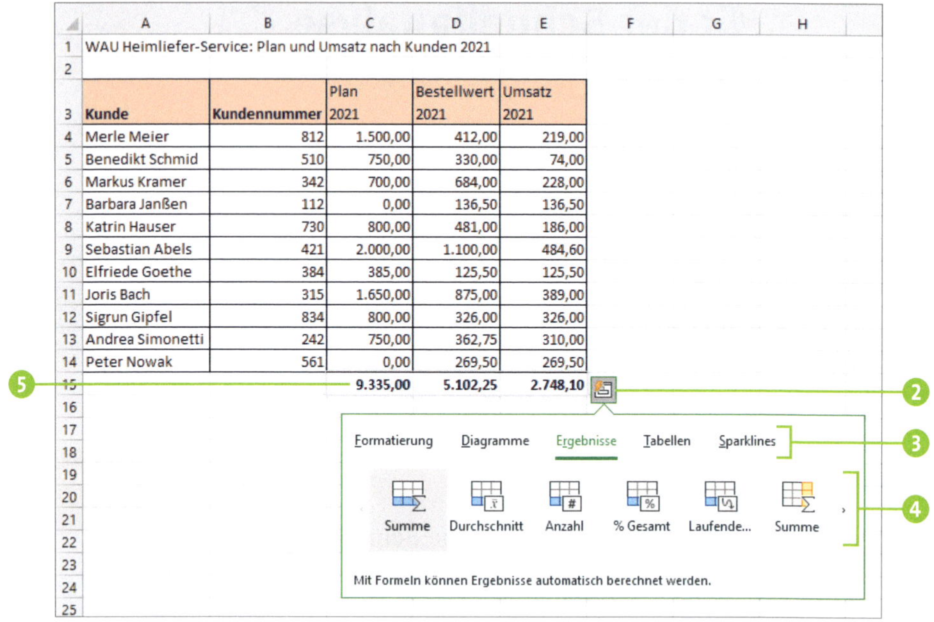

	A	B	C	D	E
1	WAU Heimliefer-Service: Plan und Umsatz nach Kunden 2021				
2					
3	**Kunde**	**Kundennummer**	Plan 2021	Bestellwert 2021	Umsatz 2021
4	Merle Meier	812	1.500,00	412,00	219,00
5	Benedikt Schmid	510	750,00	330,00	74,00
6	Markus Kramer	342	700,00	684,00	228,00
7	Barbara Janßen	112	0,00	136,50	136,50
8	Katrin Hauser	730	800,00	481,00	186,00
9	Sebastian Abels	421	2.000,00	1.100,00	484,60
10	Elfriede Goethe	384	385,00	125,50	125,50
11	Joris Bach	315	1.650,00	875,00	389,00
12	Sigrun Gipfel	834	800,00	326,00	326,00
13	Andrea Simonetti	242	750,00	362,75	310,00
14	Peter Nowak	561	0,00	269,50	269,50
15			**9.335,00**	**5.102,25**	**2.748,10**

Übersicht schaffen mithilfe von Filtern und bedingter Formatierung

Nachdem die Daten in Excel eingegeben oder aus anderen Programmen importiert wurden, könnte theoretisch die eigentliche Datenanalyse beginnen. Bevor Sie aber hiermit starten, sollten Sie sich etwas Zeit für die Formatierung der Tabellenblätter nehmen. Denn eine gute Formatierung steigert die Lesbarkeit von Tabellen nicht nur deutlich, sondern lässt eine Auswertung auch gleich viel professioneller wirken.

Die Optik verbessern – Formatieren mit Augenmaß

Tipp 115

Spaltenbreite, Zeilenhöhe, Ausrichtung der Zellinhalte und auch das richtige Zahlenformat sind schnell eingestellt:

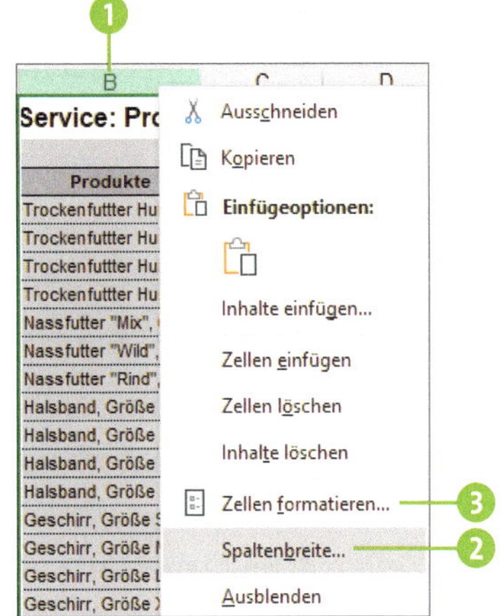

1. Um die Spaltenbreite anzupassen, markieren Sie zunächst die Spalte per Klick auf den Spaltenkopf ①. Klicken Sie den Spaltenkopf dann mit der rechten Maustaste an.
2. Im Kontextmenü wählen Sie die **Spaltenbreite** ② aus. Tragen Sie im folgenden Dialog die gewünschte Breite ein, und bestätigen Sie mit **OK**.
3. Analog passen Sie die Zeilenhöhe an: Nach dem Markieren des Zeilenkopfes und Aufruf des Kontextmenüs wählen Sie die **Zeilenhöhe**. Geben Sie die gewünschte Höhe an, und bestätigen Sie mit **OK**.
4. Das Zahlenformat, die Ausrichtung des Zellinhalts, aber auch Schriftart, Rahmen und Hintergrundfarbe passen Sie am besten über den Dialog **Zellen formatieren** an. Um ihn einzublenden, markieren Sie die Spalten bzw. Zeilen, rufen das Kontextmenü auf und klicken auf den Befehl **Zellen formatieren** ③.
5. Wählen Sie das gewünschte Register (**Zahlen**, **Ausrichtung**, **Schrift** etc.) aus ④, und nehmen Sie die Einstellungen vor. Mit **OK** bestätigen Sie die Formatierungen.

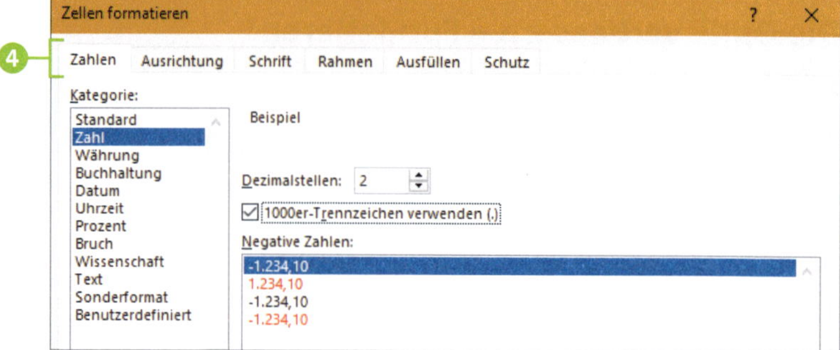

Tipp 116

Übersichtlichkeit durch bedingte Formatierung

Gerade bei umfangreichen Tabellen besteht schnell die Gefahr, die Übersicht zu verlieren. Hier kann es hilfreich sein, bestimmte Werte farblich hervorzuheben. So können Sie z. B. Zellen grün färben, die einen bestimmten Text oder Wert enthalten.

1. Markieren Sie zunächst den Bereich (meist Spalten), für den Sie bestimmte Formatierungen an Bedingungen knüpfen wollen.
2. Klicken Sie im Register **Start** in der Gruppe **Formatvorlagen** auf **Bedingte Formatierung**. Im aufklappenden Menü finden Sie bereits einige vordefinierte Regeln.
3. Sollen z. B. in einer Spalte alle Zellen farbig markiert werden, deren Wert höher ist als ein von Ihnen angegebener Wert? Dann wählen Sie **Regeln zum Hervorheben von Zellen ▸ Größer als**. Geben Sie im Dialog **Größer als** im linken Feld Ihren Wert vor, und wählen Sie im rechten Feld den gewünschten Farbton aus. Sobald Sie den Dialog mit **OK** beenden, färbt Excel alle Zellen, die größere Werte enthalten als der von Ihnen vorgegebene.

4. Erfüllt keine der vordefinierten Regeln Ihre Wünsche, wählen Sie **Bedingte Formatierung ▸ Neue Regel**, um Ihre ganz individuelle Regel zu definieren.

5. Im Dialog **Neue Formatierungsregel** markieren Sie zunächst einen der sechs Regeltypen ❶ und legen anschließend die Regelbeschreibung im Detail fest ❷. Nach einem Klick auf **Formatieren** ❸ wählen Sie z. B. den Farbton aus. Bestätigen Sie mit **OK**.

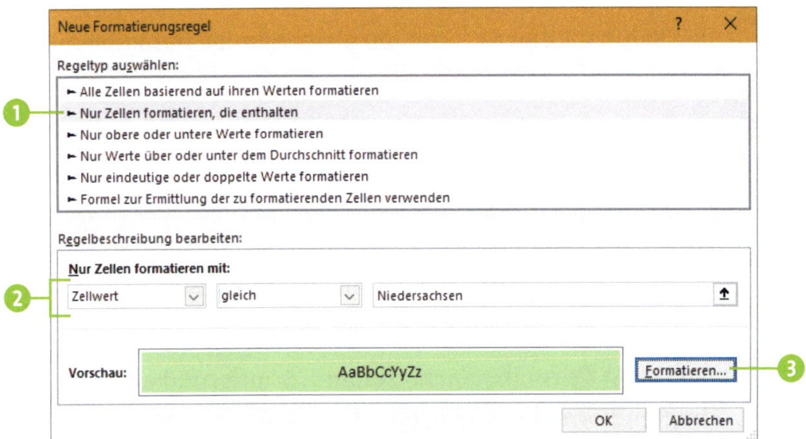

Sobald Sie die Regel festgelegt haben, formatiert Excel nicht nur den bereits markierten Bereich entsprechend der definierten Bedingung ❹, sondern zukünftig auch alle neu eingegebenen Werte.

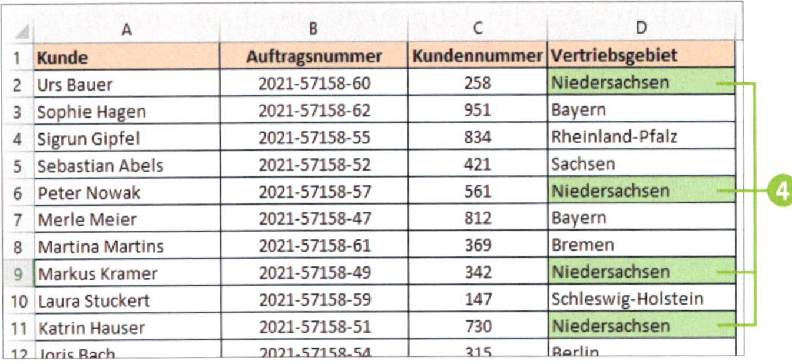

	A	B	C	D
1	Kunde	Auftragsnummer	Kundennummer	Vertriebsgebiet
2	Urs Bauer	2021-57158-60	258	Niedersachsen
3	Sophie Hagen	2021-57158-62	951	Bayern
4	Sigrun Gipfel	2021-57158-55	834	Rheinland-Pfalz
5	Sebastian Abels	2021-57158-52	421	Sachsen
6	Peter Nowak	2021-57158-57	561	Niedersachsen
7	Merle Meier	2021-57158-47	812	Bayern
8	Martina Martins	2021-57158-61	369	Bremen
9	Markus Kramer	2021-57158-49	342	Niedersachsen
10	Laura Stuckert	2021-57158-59	147	Schleswig-Holstein
11	Katrin Hauser	2021-57158-51	730	Niedersachsen
12	Joris Bach	2021-57158-54	315	Berlin

Tipp 117

Den AutoFilter aktivieren und Daten sortieren

Sie möchten sich in einer umfangreichen Tabelle lediglich die Daten anzeigen lassen, die ein bestimmtes Kriterium erfüllen? Um große Datenmengen überschaubar zu machen, bietet Excel diverse Filter an. Der *AutoFilter* ist am schnellsten eingerichtet.

1. Markieren Sie zunächst die Überschriften in den relevanten Spalten, und klicken Sie dann im Register **Daten** auf das Symbol **Filtern**, um die gleichnamige Funktion zu aktivieren.
2. Rechts von den Überschriften werden nun jeweils kleine Pfeilsymbole eingeblendet ①. Mit einem Klick auf einen Pfeil rufen Sie die Sortier- und Filteroptionen für die entsprechende Spalte auf. Welche Ihnen hier angeboten werden, hängt vom Inhalt der Zellen innerhalb der Spalte ab.
3. Immer möglich ist eine auf- oder absteigende Sortierung der Daten ②. Sind manche Zellen z. B. aufgrund einer bedingten Formatierung (siehe dazu den vorherigen Tipp) farbig hervorgehoben, lässt sich die Spalte auch nach der Farbe sortieren ③.

Tipp 118

Text-, Zahlen- und Datumsfilter anwenden

Ist der AutoFilter, wie im Tipp zuvor beschrieben, aktiviert, können Sie Ihre Daten nach verschiedenen Kriterien filtern.

1. Über den **Textfilter** ④, **Zahlenfilter** bzw. **Datumsfilter** (abhängig von den in der Spalte enthaltenen Daten) lassen sich weitere detaillierte Filter aufrufen.

2. Unterhalb des Suchfeldes werden alle Inhalte der Spalte aufgelistet. Um einen oder auch mehrere dieser Werte auszuwählen, entfernen Sie zunächst das Häkchen vor **(Alles auswählen)** 5. Setzen Sie dann vor den gewünschten Kriterien wieder ein Häkchen 6. Ist die Kriterienliste zu lang, können Sie auch das Suchfeld 7 nutzen, um den gewünschten Eintrag schneller zu finden.

3. Bestätigen Sie die Filterauswahl mit **OK**.

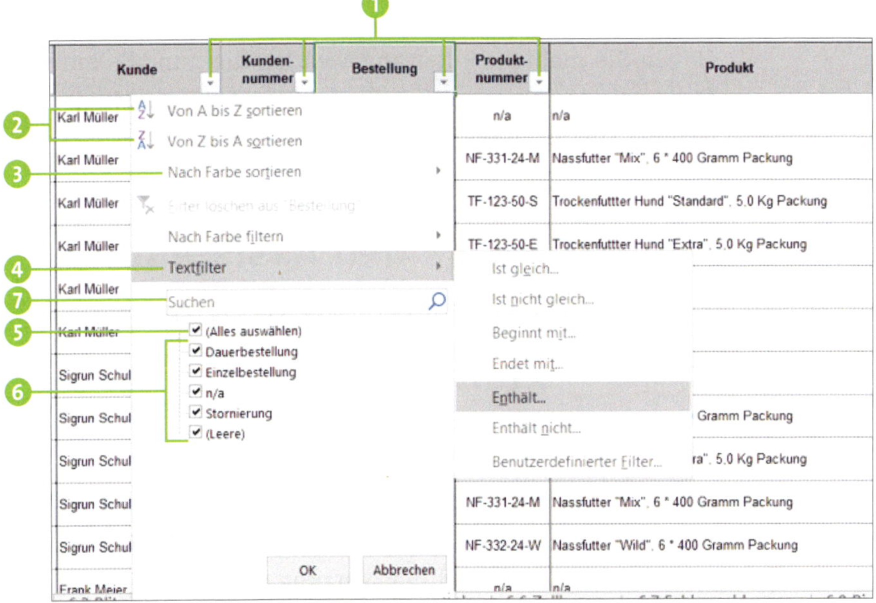

4. Sie können natürlich auch die Filter mehrerer Spalten kombinieren, um spezifische Fragestellungen zu beantworten. In den Spalten, in denen ein Filter gesetzt ist, sehen Sie statt des Pfeilsymbols das Filtersymbol 8.

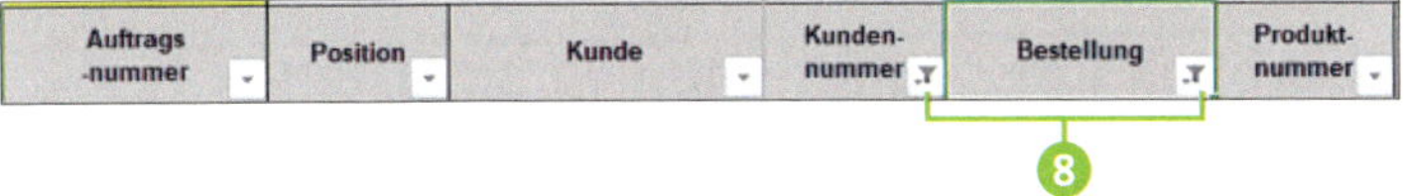

Tipp 119 Filter deaktivieren

Möchten Sie wieder alle Daten angezeigt bekommen, müssen die Filter deaktiviert werden.

1. Um einen Filter wieder zu entfernen, klicken Sie auf das Filtersymbol in der entsprechenden Spalte (8 auf Seite 169). Aktivieren Sie dann das Kästchen **(Alles auswählen)** (5 auf Seite 169), und bestätigen Sie wieder mit **OK**.
2. Haben Sie mehrere Filter angewendet, die nun alle entfernt werden sollen, klicken Sie im Register **Daten** in der Gruppe **Sortieren und Filtern** auf **Löschen**.

Gewusst, wie – den Assistenten für Formeln und Funktionen zurate ziehen

Excel ist zwar ein Rechengenie, Sie müssen dem Programm aber genau sagen, was es zu tun hat. Bei einer überschaubaren Anzahl von Zellen und der Nutzung der Grundrechenarten geht die Eingabe entsprechender Formeln mit Maus und Tastatur noch recht einfach. Bei vielen Zellen und komplizierten Berechnungen unterstützt Sie Excel mit einer umfangreichen *Funktionsbibliothek*.

Tipp 120 Überblick über Funktionen verschaffen

Im Register **Formeln** in der Gruppe **Funktionsbibliothek** finden Sie die in Excel verfügbaren Funktionen, die nach Themen zusammengefasst sind (beispielsweise **Mathematik und Trigonometrie**, **Logisch**, **Text** und **Datum u. Uhrzeit**). Sobald Sie auf eine der Schaltflächen klicken, z. B. **Finanzmathematik** ❶, werden im aufklappenden Menü alle Funktionen des Themas aufgelistet. Zu jeder Funktion gibt es eine kurze Erläuterung in Form einer QuickInfo ❷. Sie erscheint, sobald Sie den Mauszeiger auf der Funktion platzieren ❸.

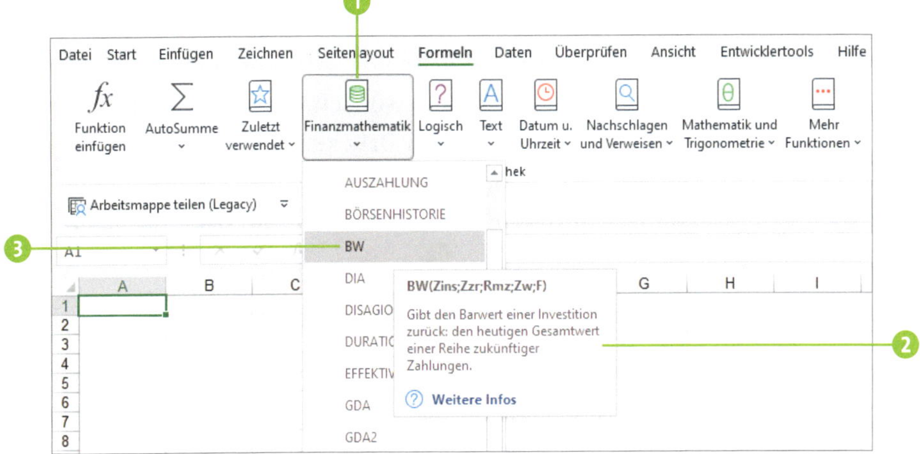

Eine Formel mithilfe der Funktionsbibliothek ergänzen

Tipp 121

Die einzelnen Funktionen enthalten die bereits vordefinierten Formeln und müssen nur noch um gewünschte Zellbereiche und eventuelle Bedingungen ergänzt werden. Benötigt Ihr Vorgesetzter z. B. dringend eine Übersicht über die Umsätze der Kunden, können Sie ihm diese schnell liefern. Wie Sie hierzu vorgehen, zeigt das folgende kleine Beispiel.

1. Markieren Sie zunächst die Zelle, in der Sie die Funktion einfügen wollen.

2. Über **Formeln ▸ Funktionsbibliothek ▸ Mathematik und Trigonometrie** wählen Sie die Funktion **SUMME** aus.

3. Im Dialog **Funktionsargumente** wird im Feld **Zahl1** der gewünschte Zellbereich eingetragen. Excel schlägt Ihnen die benachbarten Zellen vor (1). Sind diese korrekt, übernehmen Sie sie mit **OK**. Trifft der Zellbereich nicht zu oder bleibt das Feld leer, nehmen Sie die Angaben selbst vor. Besonders einfach geht dies per Klick auf das Pfeilsymbol rechts vom Feld (2). Der Dialog wird nun minimiert, und Sie können selbst den gewünschten Zellbereich in der Tabelle markieren. Durch Drücken der [↵]-Taste übernehmen Sie den markierten Bereich. Im nun wieder vollständig sichtbaren Dialog klicken Sie auf **OK**.

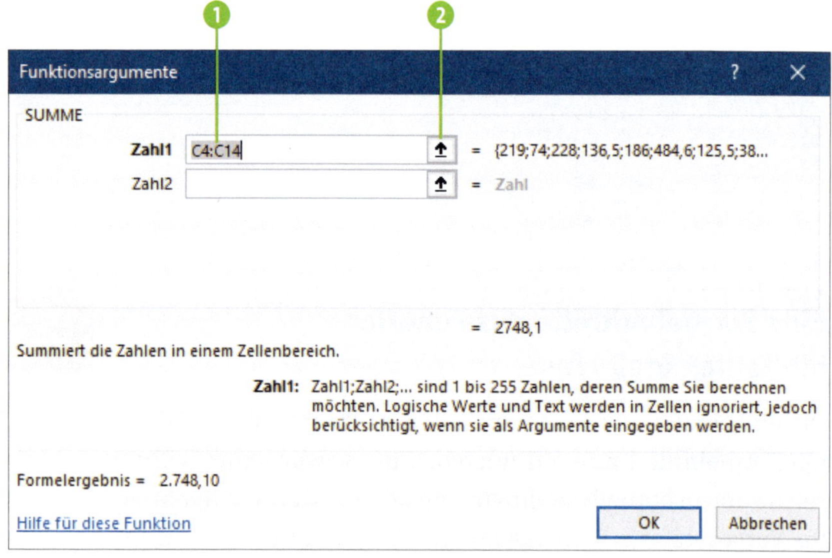

Werfen Sie einen Blick in die Bearbeitungsleiste, finden Sie hier die vollständige Funktion (3). In der in Schritt 1 markierten Zelle wird das Ergebnis angezeigt (4).

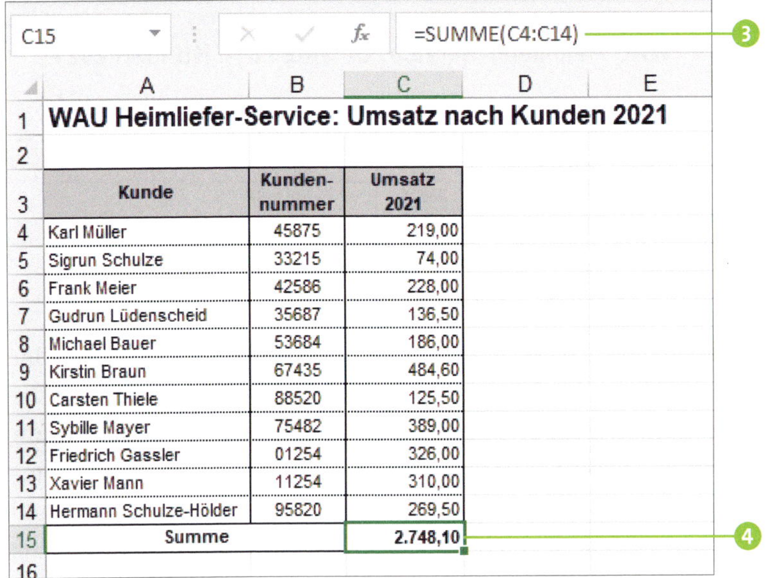

WAU Heimliefer-Service: Umsatz nach Kunden 2021

Kunde	Kunden-nummer	Umsatz 2021
Karl Müller	45875	219,00
Sigrun Schulze	33215	74,00
Frank Meier	42586	228,00
Gudrun Lüdenscheid	35687	136,50
Michael Bauer	53684	186,00
Kirstin Braun	67435	484,60
Carsten Thiele	88520	125,50
Sybille Mayer	75482	389,00
Friedrich Gassler	01254	326,00
Xavier Mann	11254	310,00
Hermann Schulze-Hölder	95820	269,50
Summe		2.748,10

TEILERGEBNIS ist besser als SUMME

Tipp 122

Vom Rechnen in der Schule sind wir gewohnt, bei Additionen die Summe unterhalb der zu addierenden Werte zu platzieren. Das ist bei Excel aus zwei Gründen nicht sehr sinnvoll:

1. Addieren Sie den Inhalt vieler Zellen, müssen Sie im Arbeitsblatt ständig nach unten scrollen, um die Summe sehen zu können.
2. Sobald ein Filter zum Einsatz kommt (siehe dazu auch Tipp 118 »Text-, Zahlen- und Datumsfilter anwenden« ab Seite 168), wird das Ergebnis der Addition ausgeblendet, wie in der Abbildung auf Seite 174 oben zu sehen ist (vergleichen Sie hierzu auch die Abbildung auf dieser Seite, die die Summe ohne Filterung anzeigt).

	A	B	C	D	E
1	**WAU Heimliefer-Service: Umsatz nach Kunden 2021**				
2					
3	**Kunde**	**Kunden-numm**	**Umsatz 2021**		
7	Gudrun Lüdenscheid	35687	136,50		
8	Michael Bauer	53684	186,00		
10	Carsten Thiele	88520	125,50		
11	Sybille Mayer	75482	389,00		
12	Friedrich Gassler	01254	326,00		

Sinnvoller ist es, die Summe oberhalb der Überschrift der jeweiligen Spalte auszuweisen. Nutzen Sie außerdem die Funktion **TEILERGEBNIS** statt **SUMME**, lassen sich in Kombination mit dem AutoFilter (siehe Tipp 117 »Den AutoFilter aktivieren und Daten sortieren« auf Seite 168) blitzschnell Auswertungen generieren. Denn in diesem Fall gibt Excel als Ergebnis die Werte aus, die sich anhand der aktuell ausgewählten Filterung ergeben. Wie dies in der Praxis aussieht, machen die beiden folgenden Abbildungen deutlich:

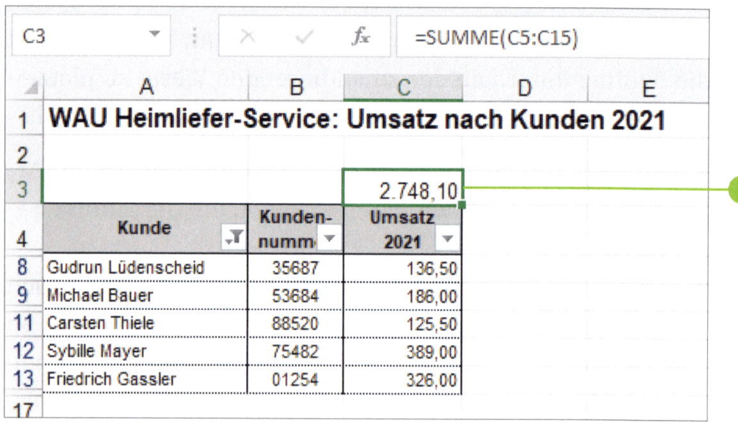

C3 | =SUMME(C5:C15)

	A	B	C	D	E
1	**WAU Heimliefer-Service: Umsatz nach Kunden 2021**				
2					
3			2.748,10		
4	**Kunde**	**Kunden-numm**	**Umsatz 2021**		
8	Gudrun Lüdenscheid	35687	136,50		
9	Michael Bauer	53684	186,00		
11	Carsten Thiele	88520	125,50		
12	Sybille Mayer	75482	389,00		
13	Friedrich Gassler	01254	326,00		
17					

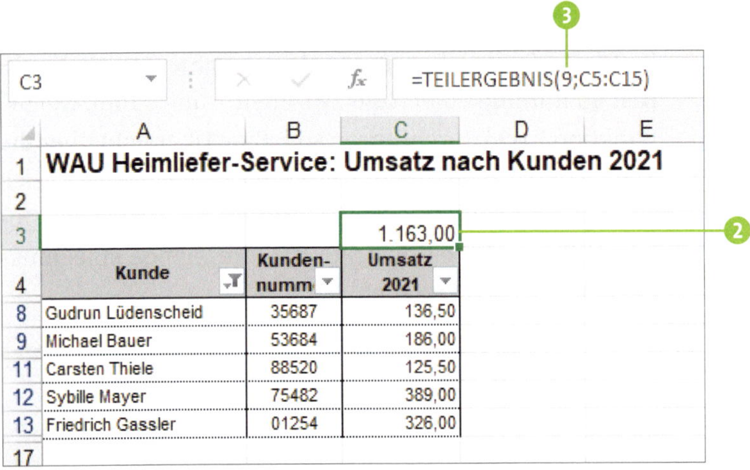

In der Abbildung auf Seite 174 unten wurde die Funktion **SUMME** genutzt und ein Filter eingesetzt. Trotz des Filters wird in der Zelle C3 immer noch die Gesamtsumme des Zellbereichs C5 bis C15 ❶ angezeigt. In der Abbildung oben ist der gleiche Filter in Kombination mit der Funktion **TEILERGEBNIS** zu sehen. Diese berechnet lediglich die Summe der gefilterten Daten und zeigt diese in der Zelle C3 ❷ an. Das Argument **9**, das in der Bearbeitungsleiste zu Beginn der Klammer steht ❸, gibt die Berechnungsart vor, die Excel durchführen soll, in unserem Beispiel also die Addition. Mithilfe der Zahlen 1 bis 11 können Sie hier nämlich zwischen elf Funktionen wählen (siehe Schritt 3 der folgenden Anleitung), neben der Summenbildung z. B. auch einen Durchschnittswert oder den Maximal- bzw. Minimalwert berechnen lassen.

Das Einfügen der Teilergebnis-Funktion funktioniert folgendermaßen:

1. Markieren Sie die Zelle, in der das Ergebnis ausgegeben werden soll. In unserem Beispiel ist dies die Zelle C3.
2. Klicken Sie im Register **Formeln** auf **Mathematik und Trigonometrie**, und wählen Sie die Funktion **TEILERGEBNIS** aus.

3. Im Dialog **Funktionsargumente** geben Sie im Feld **Funktion** ① mithilfe einer Zahl zwischen 1 und 11 an, welche Funktion Excel durchführen soll. Eine Übersicht über die Zahlen und ihre Bedeutung erhalten Sie nach einem Klick auf den Link **Hilfe für diese Funktion** ②, der Sie zur Online-Hilfe von Excel führt. Für das Summenbeispiel muss die Zahl **9** gewählt werden.

4. In das Feld **Bezug1** wird der gewünschte Zellbereich ③ eingetragen. Bestätigen Sie die Eingaben mit **OK**.

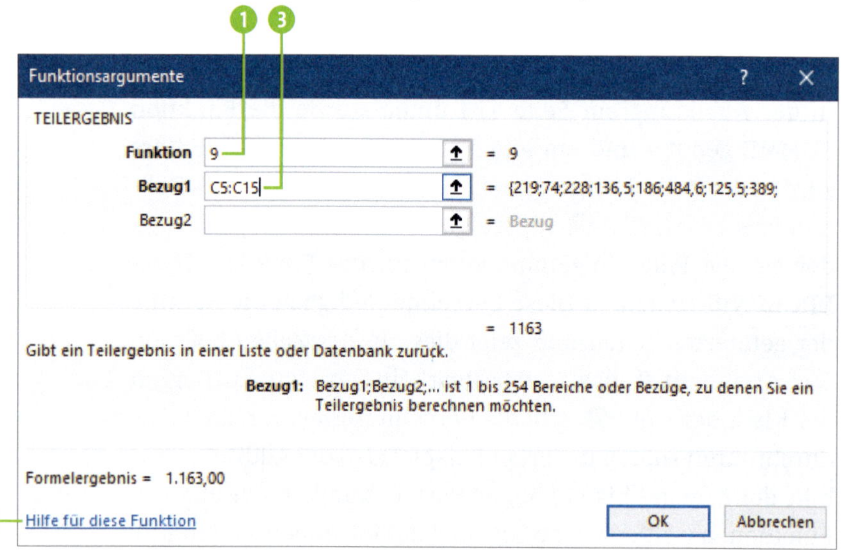

5. Damit Excel die richtige Berechnung automatisch durchführt, muss im Register **Formeln** in der Gruppe **Berechnung** unter **Berechnungsoptionen** die Option **Automatisch** mit einem Häkchen versehen sein.

Tipp 123

Funktionen miteinander kombinieren

Nicht immer lassen sich über die vordefinierten Funktionen alle benötigten Fragestellungen abdecken. Sie haben aber die Möglichkeit, mehrere Funktionen miteinander zu kombinieren. So lassen sich z. B. unterschiedliche Berechnungen in Abhängigkeit von einer oder mehreren Bedingungen durchführen. Bei diesen Logikprüfungen kommt die Funktion **WENN** zum Einsatz. An einem kleinen Beispiel wollen wir veranschaulichen, wie Sie hierzu vorgehen: Für alle Kunden und Kundinnen soll ein Bonus in Abhängigkeit von ihrem Umsatz ausgeschüttet werden. Kund*innen, deren Umsatz höher als 750 € ist, erhalten 3 % ihres Umsatzes als Bonus, Kund*innen mit geringerem Umsatz einen Festbetrag von 10 €. Für Neukund*innen wird bei einem Umsatz unter 750 € ein erhöhter Willkommensbonus von 25 € gewährt. Daraus ergeben sich zwei unterschiedliche Bedingungen.

1. Bedingung 1: »Wenn Umsatz > 750, dann 750 * 0,03, sonst 10«. Die Formel in Excel (siehe die Abbildung zu Schritt 6 auf Seite 178) lautet somit **=WENN(D4>750;D4*0,03;10)**.
2. Bedingung 2: »Wenn Neukunde, dann 25, sonst 10«. Hierfür lautet die Formel in Excel **=WENN(C4="ja";25;10)**.

Um beide Bedingungen zu kombinieren, müssen also zwei Abfragen hintereinander ausgeführt werden. Hierzu gehen Sie folgendermaßen vor:

1. Markieren Sie zunächst die Zelle, in der die Bonusberechnung eingetragen werden soll. In unserem Beispiel ist dies die Zelle E4.
2. Rufen Sie über **Formeln ▸ Logisch ▸ WENN** den Dialog **Funktionsargumente** auf.
3. Geben Sie in das Feld **Wahrheitstest** ❶ die Bedingung »D4>750« ein.
4. In das Feld **Wert_wenn_wahr** ❷ tragen Sie die Formel »D4*0,03« ein.

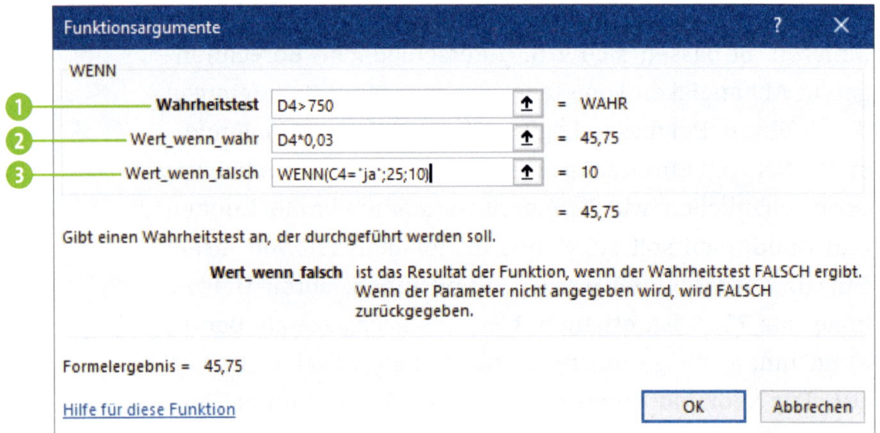

5. Die zweite Abfrage, in unserem Beispiel also »WENN(C4="ja";25;10)«, geben Sie in das Feld **Wert_wenn_falsch** ❸ ein.

6. Bestätigen Sie Ihre Eingaben mit **OK**.

Werfen Sie nun einen Blick in die Bearbeitungsleiste, finden Sie hier die vollständige Formel:
=WENN(D4>750;D4*0,03;WENN(C4="ja";25;10)) ❹.

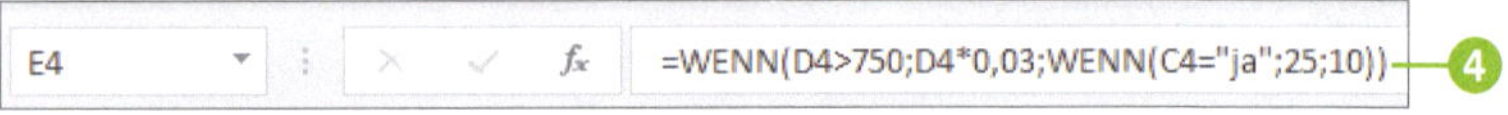

Lange erwartet, endlich da: Bedingungen kombinieren mit WENNS

In Excel 365 gibt es die Möglichkeit, mehrere Bedingungen mithilfe der Funktion WENNS zu kombinieren. Hierzu geben Sie die einzelnen Bedingungen einfach bequem über den entsprechenden Dialog ein, den Sie über den Funktionsassistenten in der Kategorie **Logik** aufrufen können. Für unser Beispiel aus Tipp 123 auf Seite 176 ergeben sich damit die Argumente, die in der Abbildung auf Seite 179 zu sehen sind.

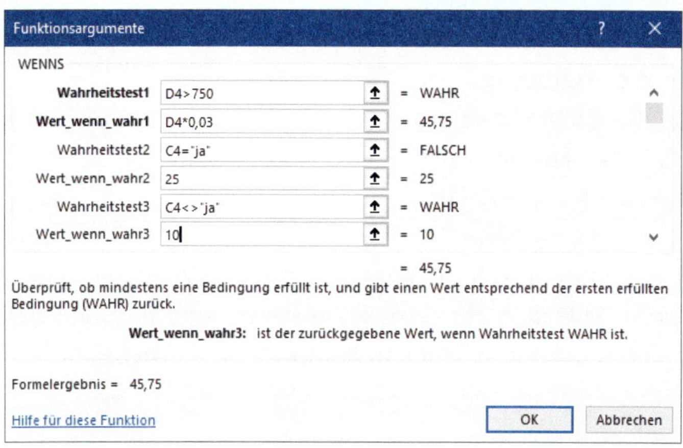

Wie war das noch mal? Absolute und relative Zellbezüge

Für die Durchführung von Datenanalysen und Berechnungen werden in Excel unterschiedliche Zellen in Beziehung zueinander gesetzt. Die einzelnen Zellen sind standardmäßig über eine Kombination aus Spalten- und Zeilenbezeichnungen eindeutig zu identifizieren. Die Zelle **E5** beschreibt also die Zelle, die in der fünften Spalte und der fünften Zeile liegt.

Relativer Zellbezug

Tipp 124

Ein einfaches Beispiel: Soll der Inhalt der Zelle A1 zum Inhalt der Zelle B1 addiert und das Ergebnis in Zelle C1 ausgegeben werden, geben Sie in C1 die Formel »=A1+B1« an. Diese Formel lässt sich mithilfe des Ausfüllkästchens ❶ bequem kopieren (siehe Tipp 110 »AutoAusfüllen von Datenreihen« ab

Seite 158). Dabei passt Excel automatisch für Sie die Zellbezüge an. Für die Zelle C2 ergibt sich als Formel also **=A2+B2** ❷. Diese Art der Zellbezüge, die beim Kopieren automatisch angepasst werden, bezeichnet man als *relative Zellbezüge*. Mit ihrer Hilfe lassen sich Formeln beim Kopieren in andere Zellen unkompliziert übernehmen.

Tipp 125 Absoluter Zellbezug

Das automatische Anpassen der Zellbezüge ist nicht immer erwünscht. In einem solchen Fall können Zellbezüge auch festgeschrieben werden. Auf unser Beispiel aus dem vorherigen Tipp bezogen: Soll etwa immer der Inhalt der Zelle A1 mit den Inhalten der Zellen der Spalte B addiert werden, muss der relative Zellbezug stattdessen als sog. *absoluter Zellbezug* angegeben werden. Hierzu wird sowohl der Spalten- als auch der Zeilenbezeichnung jeweils ein Dollarzeichen ($) vorangestellt. Aus »A1« wird also »A1«. Dieser absolute Zellbezug bleibt beim Kopieren in andere Zellen erhalten.

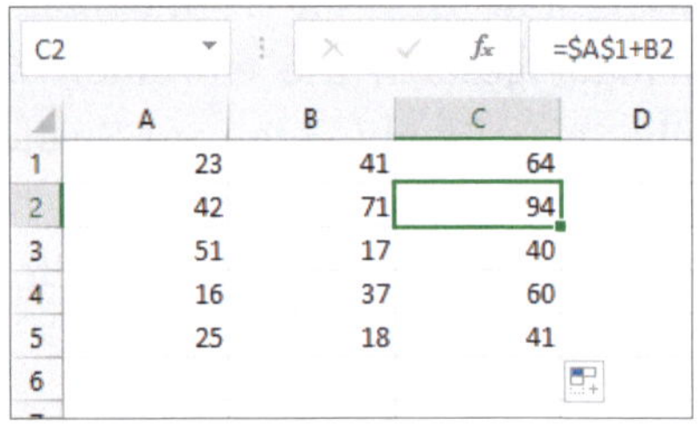

Als Mischform sind sowohl Bezüge mit absoluter, also festgelegter Spalte und relativer Zeile ($A1) als auch Bezüge mit relativer Spalte und absoluter Zeile (A$1) möglich. Beim Kopieren bleibt der absolute Teil des Zellbezugs bestehen, während der relative Teil an die neue Position angepasst wird.

Relative und absolute Zellbezüge umwandeln

Möchten Sie einen relativen Zellbezug in einen absoluten umwandeln, müssen Sie nicht selbst die Dollarzeichen ergänzen. Markieren Sie einfach die entsprechende Zelle und dann in der Bearbeitungsleiste den Zellbezug. Nun reicht ein Drücken der Taste [F4], und Excel wandelt den Zellbezug für Sie um. Jedes weitere Drücken der Taste führt zu einer neuen Umwandlung, sodass Sie schnell zwischen relativen, absoluten und sogar gemischten Zellbezügen wechseln können.

#WERT! – Fehlermeldungen richtig deuten

Die Daten sind eingegeben, die Formeln erstellt, doch statt des erwarteten Ergebnisses werden seltsame Meldungen wie **######**, **#WERT!** oder **#NAME?** angezeigt. Etwas ist schiefgegangen. Sie wissen nur noch nicht, was. Das ist aber gar nicht so schwierig herauszufinden, denn Excel unterstützt Sie durch diese Meldungen bereits bei der Fehlersuche. Wir stellen Ihnen die am häufigsten vorkommenden Fehlermeldungen vor.

Spaltenbreite nicht ausreichend

Tipp 126

Die auch als Gartenzaun bekannte Fehlermeldung **#####** lässt sich am einfachsten beheben. Sie zeigt an, dass die Spalte zu schmal ist, um den dort hinterlegten Wert korrekt darzustellen.

	A	B	C
1	**Heimliefer-Service: Plan und Um**		
2			
3			######
4	**Kunde**	**Kunden-nummer**	**Umsatz Plan**
5	Karl Müller	45875	######
6	Sigrun Schulze	33215	750,00
7	Frank Meier	42586	700,00
8	Gudrun Lüdenscheid	35687	0,00
9	Michael Bauer	53684	800,00
10	Kirstin Braun	67435	######
11	Carsten Thiele	88520	385,00

Mittels Doppelklick auf den rechten Rand des Spaltenkopfes wird die Spaltenbreite automatisch angepasst.

Alternativ können Sie die Spaltenbreite auch mittels rechtem Mausklick auf den Spaltenkopf und Auswahl von **Spaltenbreite** genau Ihren Wünschen anpassen.

Tipp 127

Fehlerhafte Formel

Liegt ein Fehler in der eingegebenen Formel oder Funktion vor, weist Excel in der Zelle darauf hin ①. Zusätzlich wird ein grünes Dreieck in der linken oberen Ecke der betreffenden Zelle eingeblendet – ein Zeichen dafür, dass Excel Ihnen noch mit weiteren Informationen zum Fehler zur Seite steht.

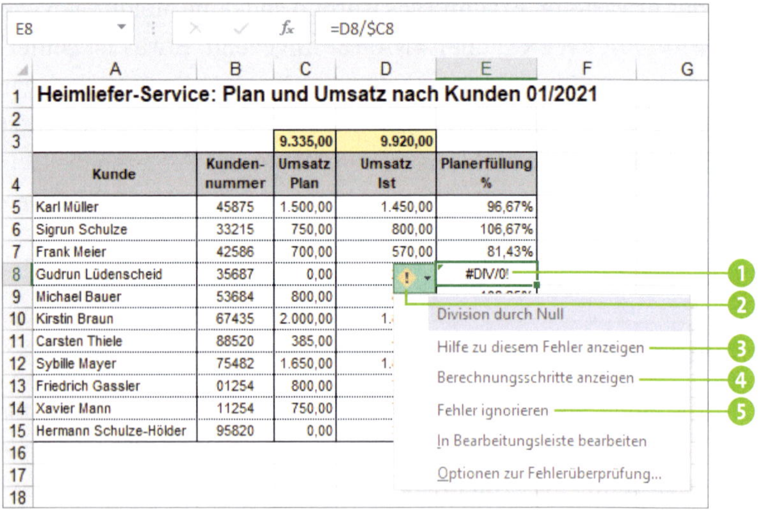

	A	B	C	D	E
1	**Heimliefer-Service: Plan und Umsatz nach Kunden 01/2021**				
2					
3			9.335,00	9.920,00	
4	**Kunde**	**Kunden-nummer**	**Umsatz Plan**	**Umsatz Ist**	**Planerfüllung %**
5	Karl Müller	45875	1.500,00	1.450,00	96,67%
6	Sigrun Schulze	33215	750,00	800,00	106,67%
7	Frank Meier	42586	700,00	570,00	81,43%
8	Gudrun Lüdenscheid	35687	0,00		#DIV/0!
9	Michael Bauer	53684	800,00		
10	Kirstin Braun	67435	2.000,00	1.	
11	Carsten Thiele	88520	385,00		
12	Sybille Mayer	75482	1.650,00	1.	
13	Friedrich Gassler	01254	800,00		
14	Xavier Mann	11254	750,00		
15	Hermann Schulze-Hölder	95820	0,00		
16					
17					
18					

Diese Informationen blenden Sie ein, indem Sie zunächst auf die betreffende Zelle klicken und dann auf das nun sichtbare Ausrufezeichen ②. Ein Klick hierauf, und Sie können z. B. weitere Hinweise zum Fehler über die Online-Hilfe aufrufen ③. Häufig hilft es bei der Eingrenzung des Fehlers aber auch, einfach die verschiedenen Berechnungsschritte einzeln durchzugehen ④.

Allerdings liegt nicht immer ein Fehler vor, wenn das grüne Dreieck angezeigt wird. Excel vergleicht im Hintergrund die Formel in der aktiven Zelle mit den Formeln in den benachbarten Zellen. Weichen diese voneinander ab, weist das Programm Sie darauf hin. Ist diese Abweichung aber gewollt, wählen Sie **Fehler ignorieren** ⑤. Damit verschwindet das grüne Dreieck.

Übersicht über die wichtigsten Fehlermeldungen

Tipp 128

Die wichtigsten Fehlermeldungen, die Ihnen begegnen können, werden nachfolgend kurz erläutert.

Fehlermeldung	Ursache
#BEZUG!	Die Funktion verweist auf eine nicht existierende Zelle, die z. B. versehentlich gelöscht wurde.
#DIV/0!	Hier wird versucht, durch Null zu dividieren.
#NAME!	Excel kann innerhalb der Funktion ein verwendetes Textelement nicht erkennen, weil es z. B. falsch geschrieben ist.
#NULL!	Der Fehler tritt auf, wenn ein bestimmter Zellbereich von Excel nicht erkannt wird.
#NV	Die Fehlermeldung erscheint, wenn ein gesuchter Wert in einem vorgegebenen Bereich nicht gefunden wird.

Fehlermeldung	Ursache
#WERT!	Excel kann die Berechnung nicht durchführen, da einer der verwendeten Werte in einem falschen Format, z. B. als Text, angegeben ist.
#ZAHL!	Die Berechnung ergibt eine Zahl, mit der Excel nicht rechnen kann, da sie zu groß oder zu klein ist bzw. mathematisch nicht ermittelt werden kann.

Tipp 129

Fehlermeldungen unterdrücken

So hilfreich Fehlermeldungen von Excel sind, manchmal sind sie auch unerwünscht. Die Funktionsbibliothek bietet aber Möglichkeiten, diese Meldungen zu unterdrücken. Versuchen Sie z. B., durch den Wert 0 zu dividieren, gibt Excel normalerweise die Fehlermeldung **#DIV/0!** aus.

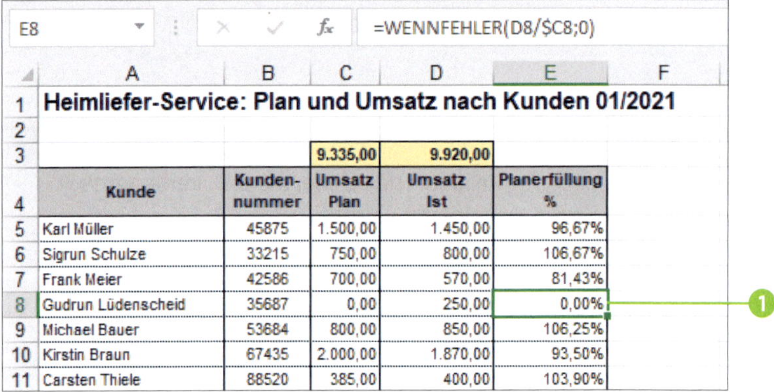

E8 =WENNFEHLER(D8/$C8;0)

	A	B	C	D	E	F
1	Heimliefer-Service: Plan und Umsatz nach Kunden 01/2021					
2						
3			9.335,00	9.920,00		
4	Kunde	Kunden-nummer	Umsatz Plan	Umsatz Ist	Planerfüllung %	
5	Karl Müller	45875	1.500,00	1.450,00	96,67%	
6	Sigrun Schulze	33215	750,00	800,00	106,67%	
7	Frank Meier	42586	700,00	570,00	81,43%	
8	Gudrun Lüdenscheid	35687	0,00	250,00	0,00%	
9	Michael Bauer	53684	800,00	850,00	106,25%	
10	Kirstin Braun	67435	2.000,00	1.870,00	93,50%	
11	Carsten Thiele	88520	385,00	400,00	103,90%	

Damit dies nicht geschieht, markieren Sie zunächst die Zelle, die die eigentliche Formel (hier also die Division) enthalten soll 1. Rufen Sie dann im Register **Formeln ► Logisch ► WENNFEHLER** auf. Im Dialog **Funktionsargumente** geben Sie in das Feld **Wert** die Formel ein 2, allerdings ohne das

Gleichheitszeichen zu Beginn. In das Feld **Wert_falls_Fehler** tragen Sie den Wert ein, der statt der Fehlermeldung **#DIV/0!** erscheinen soll 3, z. B. die Angabe »0«. Bestätigen Sie mit **OK**.

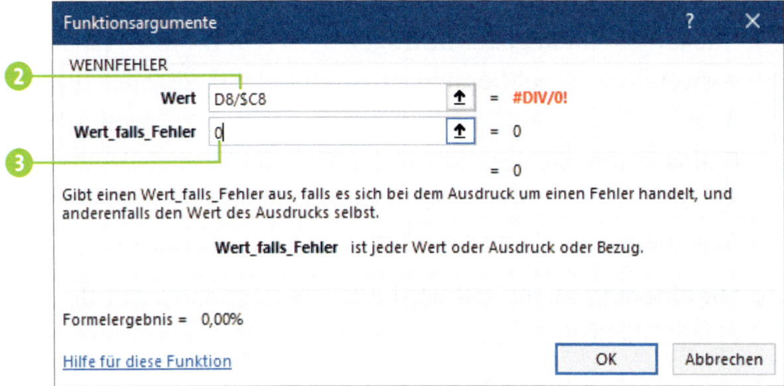

Auswertungen schnell und flexibel – Pivot-Tabellen ganz einfach erklärt

Mithilfe von Filtern lassen sich Daten in Excel zwar detailliert auswerten, doch das Setzen der unterschiedlichen Filter kann auch schnell einmal unübersichtlich werden. Eine Alternative zu Filtern sind die *Pivot-Tabellen*: Mit nur wenigen Mausklicks lassen sich hier Daten noch schneller und weitaus flexibler nach den verschiedensten Fragestellungen analysieren.

Grundstruktur der Pivot-Tabelle erstellen

Tipp 130

Um die Grundstruktur einer Pivot-Tabelle zu erzeugen, gehen Sie folgendermaßen vor:

1. Markieren Sie zunächst den Zellbereich, der die Daten und die Spaltenüberschriften enthält, die Sie auswerten wollen. Achten Sie darauf, dass die Spaltenüberschriften eindeutig sind und nicht doppelt vorkommen.
2. Klicken Sie im Register **Einfügen** auf **PivotTable**. Je nach verwendeter Excel-Version ist anschließend ggf. noch die Auswahl von **Aus Tabelle/Bereich** nötig. Im folgenden Dialog finden Sie den markierten Tabellenbereich wieder (1). Die Voreinstellung, die Pivot-Tabelle in einem neuen Arbeitsblatt zu platzieren (2), sollten Sie beibehalten.
3. Mit einem Klick auf **OK** wird nun die Grundstruktur der Pivot-Tabelle erzeugt.

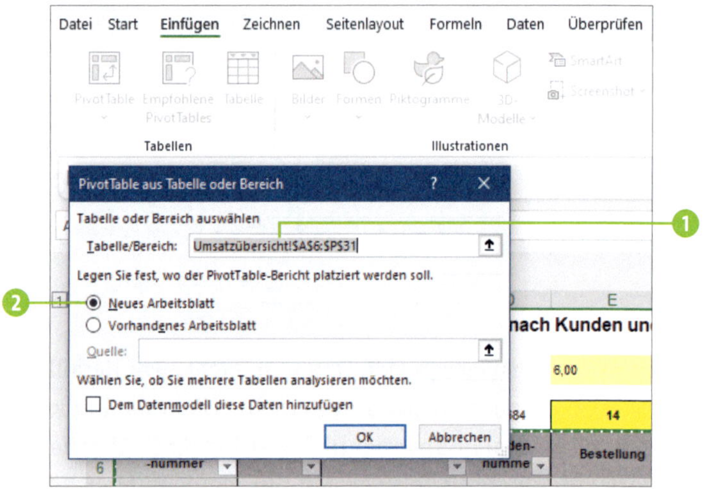

Tipp 131 Eine Analyse mithilfe der Pivot-Tabelle durchführen

Auf dem neuen Arbeitsblatt finden Sie am rechten Rand des Programmfensters den Aufgabenbereich **PivotTable-Felder**. In seiner oberen Hälfte befindet sich die Feldliste, die alle

Spaltenüberschriften aus der Ausgangstabelle enthält. Sie ist der Ausgangspunkt für die weitere Bearbeitung. In der unteren Hälfte des Aufgabenbereichs finden Sie die vier Bereiche **Filter**, **Spalten**, **Zeilen** und **Werte**. Über diese vier Bereiche legen Sie nun das Aussehen der Pivot-Tabelle fest, die in der linken Hälfte des neuen Arbeitsblattes eingeblendet wird.

Sie möchten beispielsweise erfahren, wie viel Umsatz Kund*innen mit welchen Produkten generiert haben. Um eine entsprechende Übersicht zu erhalten, gehen Sie folgendermaßen vor:

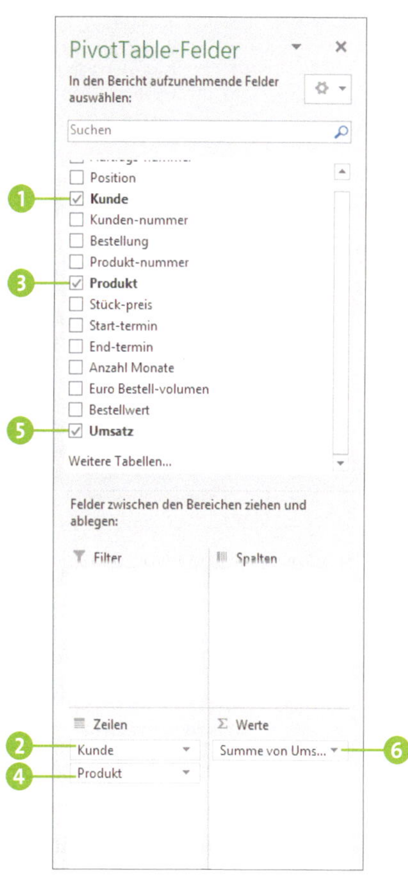

1. Markieren Sie innerhalb der Feldliste das Feld, nach dem Sie auswerten wollen, im Beispiel das Feld **Kunde** ❶. Ziehen Sie es mit gedrückter linker Maustaste in den Bereich **Zeilen** ❷. Damit haben Sie bereits die erste Auswertungskategorie festgelegt.
2. Die zweite Auswertungskategorie, in unserem Beispiel also **Produkt** ❸, ziehen Sie ebenfalls in den Bereich **Zeilen** ❹.
3. Um zu erfahren, welcher Umsatz je Kunde je Produkt erzeugt wurde, ziehen Sie das entsprechende Feld, hier also **Umsatz** ❺, in den Bereich **Werte** ❻.
4. Klicken Sie auf das gerade eingefügte Feld im Bereich **Werte**, können Sie über die Menüliste die **Wertfeldeinstellungen** ändern.

Im Normalfall werden Sie die **Anzahl** zum Zählen oder die **Summe** zur Summierung der Werte benutzen (wie in unserem Beispiel).

Mit all diesen Angaben haben Sie bereits die Grundstruktur der Pivot-Tabelle gefüllt, die Ihnen auf der linken Seite des Programmfensters angezeigt wird.

1		
2		
3	**Zeilenbeschriftungen**	**Summe von Umsatz**
4	**Sigrun Schulze**	**74**
5	Nassfutter "Mix", 6 * 400 Gramm Packung	30
6	Nassfutter "Wild", 6 * 400 Gramm Packung	17
7	Trockenfuttter Hund "Extra", 5,0 Kg Packung	27
8	**Gudrun Lüdenscheid**	**136,5**
9	Geschirr, Größe XL	24
10	Halsband, Größe XL	12,5
11	Transportbox; Größe L/XL	100
12	**Frank Meier**	**228**
13	Nassfutter "Rind", 6 * 400 Gramm Packung	52
14	Nassfutter "Wild", 6 * 400 Gramm Packung	68
15	Trockenfuttter Hund "Extra", 5,0 Kg Packung	108
16	**Karl Müller**	**219**
17	Geschirr, Größe M	18
18	Halsband, Größe M	7,5
19	Nassfutter "Mix", 6 * 400 Gramm Packung	45
20	Trockenfuttter Hund "Extra", 5,0 Kg Packung	81
21	Trockenfuttter Hund "Standard", 5,0 Kg Packung	67,5
22	**Michael Bauer**	**186**
23	Nassfutter "Mix", 6 * 400 Gramm Packung	15
24	Nassfutter "Rind", 6 * 400 Gramm Packung	39
25	Nassfutter "Wild", 6 * 400 Gramm Packung	51
26	Trockenfuttter Hund "Extra", 5,0 Kg Packung	43,5
27	Trockenfuttter Hund "Standard", 2,5 Kg Packung	37,5
28	**Gesamtergebnis**	**843,5**
29		

Möchten Sie die Auswertung noch weiter verfeinern, ziehen Sie einfach zusätzliche Felder in den Bereich **Filter** oder den Bereich **Spalten**. Über die Befehle im Register (**PivotTable-Tools |) Entwurf** lässt sich die Pivot-Tabelle noch etwas ansprechender gestalten. Haben sich die Daten in der Ausgangstabelle geändert, finden Sie im Register **PivotTable-Analyse** (in älteren Excel-Versionen: **PivotTable-Tools | Analysieren**) die nötigen Befehle, um die Daten zu aktualisieren oder auch die Datenquelle zu ändern.

So klappt es ohne Frust: Excel-Tabellen zu Papier bringen

Auch wenn seit Jahren vom papierlosen Büro gesprochen wird, muss die eine oder andere Auswertung immer noch gedruckt werden. Gerade umfangreiche Excel-Tabellen erfordern etwas Vorbereitung, um beim Ausdruck Fehler wie fehlende Spalten oder Seiten ohne Überschrift zu vermeiden. Zum Glück ist ein Tabellenblatt in wenigen Schritten für den Ausdruck optimiert.

Einen Druckbereich festlegen

Müssen Sie regelmäßig nur einen ganz bestimmten Teilbereich einer umfangreichen Tabelle drucken? In diesem Fall können Sie sich etwas Arbeit sparen, indem Sie einmal den sog. *Druckbereich* festlegen. Markieren Sie hierzu den Teilbereich, der zu Papier gebracht werden soll. Wählen Sie dann im Register **Seitenlayout** in der Gruppe **Seite einrichten** nacheinander **Druckbereich** ► **Druckbereich festlegen** aus. Wann immer Sie nun über **Datei** ► **Drucken** den Druckauftrag starten, wird nur dieser Bereich ausgedruckt. Sie sparen sich also jedes Mal das erneute Markieren. Sie müssen nur aufpassen, wenn Sie doch einmal wieder die gesamte Tabelle zu Papier bringen möchten. In diesem Fall heben Sie über **Seitenlayout** ► **Druckbereich** ► **Druckbereich aufheben** die Markierung des Druckbereichs auf.

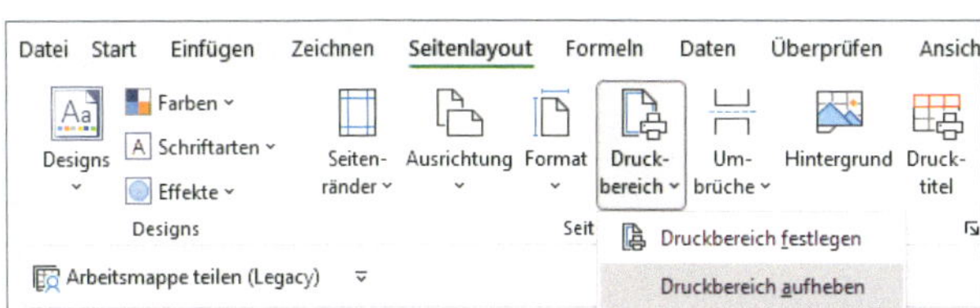

Tipp 132 Ganze Tabelle oder nur Teilbereich?

Sie möchten lediglich einen Teilbereich des Arbeitsblattes zu Papier bringen? In diesem Fall müssen Sie zunächst den entsprechenden Bereich markieren. Rufen Sie anschließend **Datei ▸ Drucken** auf, um den Drucken-Dialog einzublenden. Wollen Sie die gesamte Tabelle ausdrucken, können Sie den Drucken-Dialog sofort öffnen.

Im Dialog **Drucken** können Sie in der Vorschau gleich rechts (1) überprüfen, ob die Voreinstellungen bereits zum gewünschten Ergebnis führen oder ob Sie noch Korrekturen vornehmen müssen. Achten Sie hierbei auch auf die Anzahl der zu druckenden Seiten (2), die am unteren Bildrand angezeigt wird.

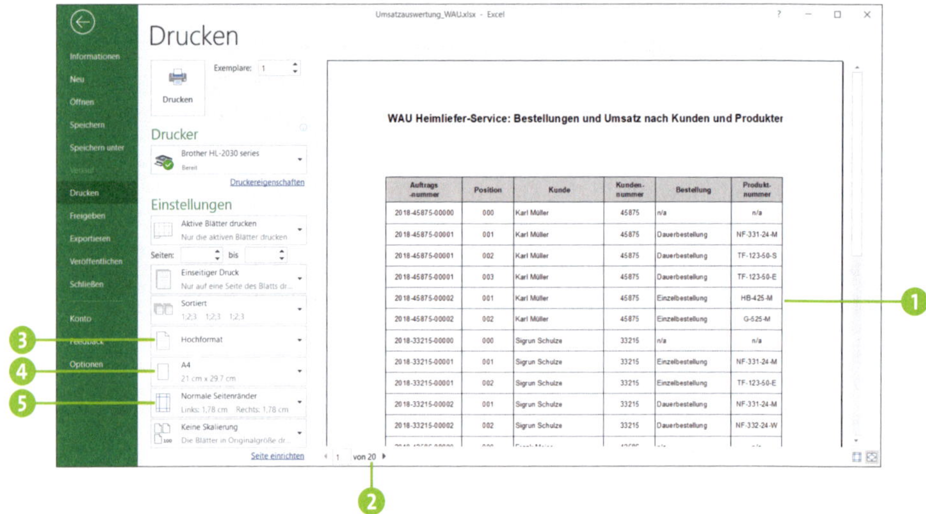

Die Tabelle zum Drucken einrichten

Tipp 133

Sind Sie mit der Vorschau noch nicht zufrieden, haben Sie folgende Möglichkeiten:

1. Überlegen Sie sich, ob die Tabelle besser im Hoch- oder Querformat gedruckt werden soll. Meist wird Ihnen zunächst das **Hochformat** 3 angeboten. Nach einem Klick hierauf können Sie dann das **Querformat** einstellen.
2. Das Papierformat ist standardmäßig meistens auf **A4** 4 eingestellt. Gerade bei umfangreichen Tabellen ist es aber gelegentlich sinnvoll, stattdessen das Format **A3** zu wählen. Voraussetzung hierfür ist natürlich, dass der Drucker dieses Format auch unterstützt.
3. Für die Seitenränder bietet Excel mehrere Voreinstellungen, wie **Normal**, **Breit** oder **Schmal** an 5. Sagt Ihnen keine zu, wählen Sie in der Liste ganz unten **Benutzerdefinierte Seitenränder**. Im Dialog **Seite einrichten** stellen Sie die Seitenränder nach Ihren Wünschen ein 6.

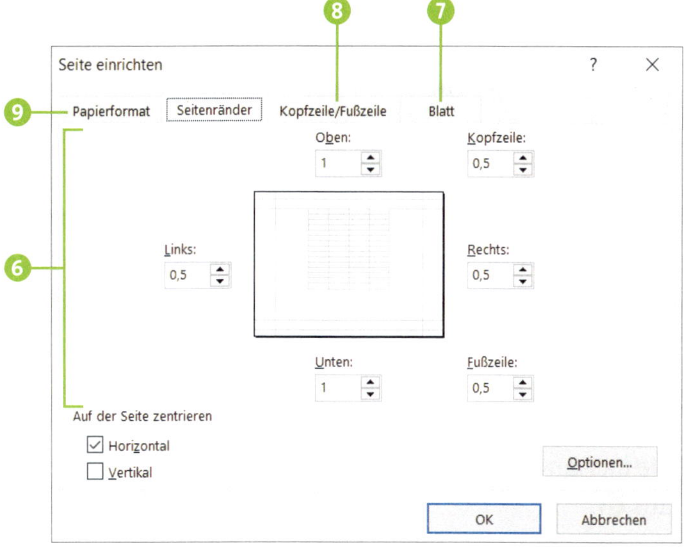

Da der Dialog **Seite einrichten** bereits geöffnet ist, können Sie hier gleich noch weitere Einstellungen vornehmen.

4. Sofern der Ausdruck Ihrer Tabelle mehrere Blätter umfasst, sollten Sie über das Register **Blatt** 7 die Zeilen auswählen, die auf allen Blättern als Überschrift gezeigt werden sollen. Klicken Sie dazu in das Feld **Wiederholungszeilen oben**, und markieren Sie dann im Tabellenblatt die entsprechenden Zeilen.

5. Im Register **Kopfzeile/Fußzeile** 8 lassen sich vordefinierte Kopf- und Fußzeilen wie Titel, Seitenanzahl oder Speicherort auswählen. Wenn Sie die Zeilen individuell gestalten möchten, klicken Sie jeweils auf die Schaltflächen **Benutzerdefinierte Kopfzeile** und **Benutzerdefinierte Fußzeile**.

6. Im Register **Papierformat** 9 passen Sie die Größe der Darstellung über **Verkleinern/Vergrößern** im Bereich **Skalierung** prozentual an. Alternativ können Sie über **Anpassen** vorgeben, auf wie viel Seiten die Auswertung gedruckt werden soll. Schließen Sie den Dialog **Seite einrichten** dann mit **OK**.

7. Zurück im Dialog **Drucken** lässt sich über das Feld ganz unten 10 ebenfalls der Ausdruck skalieren. Sie haben die Wahl zwischen **Blatt auf einer Seite darstellen**, **Alle Spalten auf einer Seite darstellen** oder **Alle Zeilen auf einer Seite darstellen**. Behalten Sie die Voreinstellung **Keine Skalierung** bei, werden die Blätter in Originalgröße gedruckt.

8. Stehen Ihnen mehrere Drucker zur Verfügung, wählen Sie das gewünschte Gerät im Feld unterhalb von **Drucker** aus 11.

9. Wenn Sie nur einen Teilbereich des Arbeitsblattes drucken möchten, wählen Sie im Feld direkt unterhalb von **Einstellungen** ⓬ **Auswahl drucken** aus.

10. In den folgenden Feldern legen Sie einzelne Druckeroptionen fest, z.B. welche Seiten gedruckt werden sollen oder ob der Druck ein- oder zweiseitig ausgeführt werden soll ⓭. Diese Optionen sind natürlich abhängig vom ausgewählten Drucker.

11. Sind alle Einstellungen vorgenommen, starten Sie den Druckvorgang über die Schaltfläche **Drucken** ⓮.

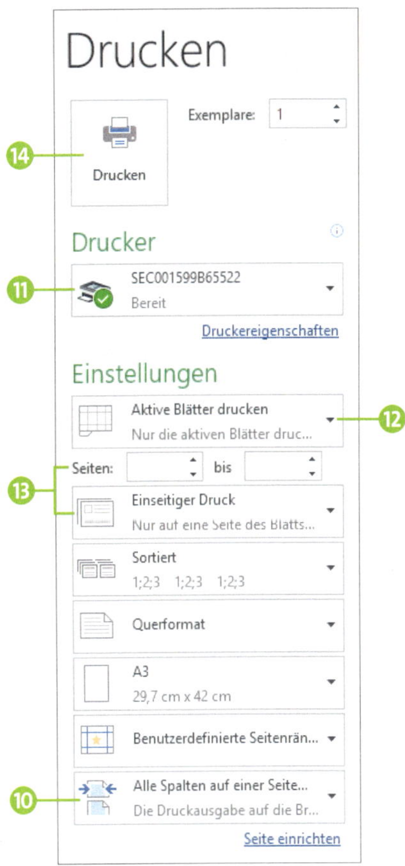

Gekonnt präsentieren mit Microsoft PowerPoint

Design aus einem Guss statt kleinteiliger Handarbeit

Wann immer ein Vortrag gehalten wird, führt heutzutage kaum ein Weg am Präsentationsprogramm PowerPoint vorbei. Dabei ist es unerheblich, ob Sie lediglich firmenintern die neuesten Marketingstrategien vorstellen, Kund*innen auf den neusten Stand der Projektentwicklung bringen oder vor internationalem Publikum einen Vortrag halten müssen.

Vorlage oder Folienmaster nutzen

Tipp 134

Viele Unternehmen legen bei den Präsentationen großen Wert auf ein einheitliches Erscheinungsbild. Damit alle Mitarbeitenden die gleichen Schriftarten, -größen und -farben verwenden, stellen die Kommunikations- oder Marketingabteilungen dazu häufig vorgefertigte PowerPoint-Vorlagen zur Verfügung, die zwingend genutzt werden müssen. Sollte das in Ihrer Firma nicht der Fall sein, entwerfen Sie einfach Ihre eigene Vorlage, die Sie dann für Ihre Präsentationen nutzen. Auf den folgenden Seiten zeigen wir Ihnen, wie Sie mithilfe des sog. *Folienmasters* für ein einheitliches Layout sorgen.

Vorhandene PowerPoint-Vorlage auswählen

Rufen Sie nach dem Start des Programms die Rubrik **Neu** 1 auf, werden Ihnen die in PowerPoint enthaltenen Vorlagen angezeigt. Stellt Ihr Unternehmen eine vorgefertigte Vorlage zur Verfügung, finden Sie sie hier meist unter **Persönlich** 2. Sie müssen die Vorlage nur noch markieren 3 und auf **Erstellen** klicken, und schon können Sie mit der Bearbeitung der einzelnen Folien für Ihre Präsentation beginnen.

Tipp 135

Eine leere Präsentation öffnen

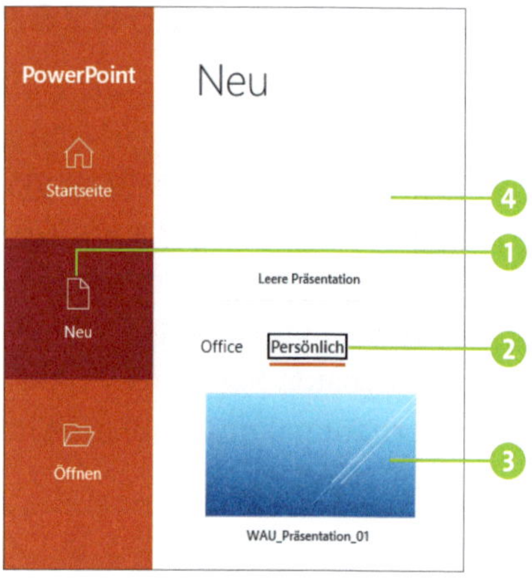

Wenn Sie eine eigene Vorlage für Ihre Präsentationen entwerfen möchten, starten Sie am besten mit einer leeren Präsentation. Werden Ihnen die Vorlagen nicht angezeigt, rufen Sie **Datei ► Neu** 1 auf. Klicken Sie dann auf die Vorlage **Leere Präsentation** 4. PowerPoint öffnet nun eine neue Präsentation, die bereits eine Folie mit zwei Platzhaltern für Titel und Untertitel enthält. Dieser Folie werden automatisch die Standardformatierungen zugewiesen.

Tipp 136

Den Folienmaster aufrufen

Viele Anwender*innen beginnen direkt nach dem Öffnen der leeren Präsentation, die Folien für ihren Vortrag zu erstellen. Wer für die Texte nicht die Standardformatierungen von PowerPoint übernehmen möchte, passt die Formatierungen meist auf jeder Folie neu an. Das kann ausgesprochen mühselig sein, vor allem dann, wenn im Nachhinein noch Korrekturen am Layout vorgenommen werden müssen. Gibt es z. B. ein neues Firmenlogo, muss dieses in jeder Folie einzeln ausgetauscht werden. Diese lästigen Arbeiten müssen aber gar nicht sein: Mithilfe des *Folienmasters* lässt sich das gesamte Aussehen der Präsentation inklusive Farben und Hintergründen einheitlich definieren. Sollten Sie später etwa eine Schriftfarbe austauschen wollen, reicht es, die entsprechende Einstellung einmal im Folienmaster zu ändern. Da alle Folien mit dem Folienmaster verknüpft sind, werden die Korrekturen automatisch für alle Folien übernommen.

Nach dem Öffnen der leeren Präsentation wird die Folie zunächst in der Normalansicht angezeigt. Um zur Ansicht des Folienmasters zu wechseln, klicken Sie im Register **Ansicht** in der Gruppe **Masteransichten** auf **Folienmaster** ①.

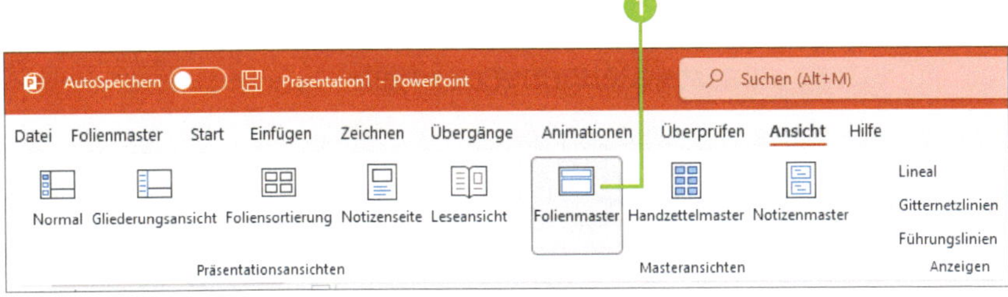

Alternativ halten Sie die [⇧]-Taste gedrückt, während Sie in der rechten Hälfte der Statusleiste (sie befindet sich am unteren Rand des Programmfensters) auf das Symbol **Normal** ② klicken. PowerPoint wechselt hierauf in die Folienmasteransicht.

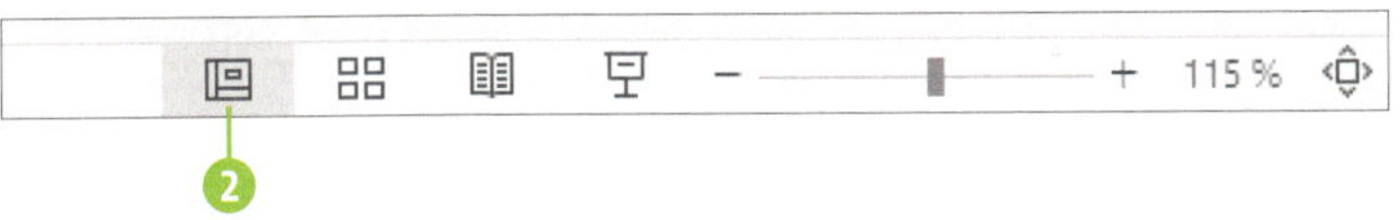

Die Folienmasteransicht im Überblick

Tipp 137

Nach dem Wechsel in die Folienmasteransicht befindet sich das Register **Folienmaster** ① im Vordergrund. Darüber nehmen Sie die individuellen Einstellungen für Ihre Präsentationsvorlage vor. In der linken Spalte sehen Sie den *Folienmastersatz*. Ganz zu Beginn befindet sich der eigentliche Folienmaster ② (ggf. müssen Sie mithilfe des Scrollbalkens ③ etwas nach oben blättern). Darunter werden diverse Folien mit jeweils einem anderen Layout aufgelistet ④. Diese

Layouts können Sie später für die Folien Ihrer Präsentation nutzen. Der Hauptbereich des Bildschirms 5 zeigt den links markierten Folienmaster bzw. das ausgewählte Layout.

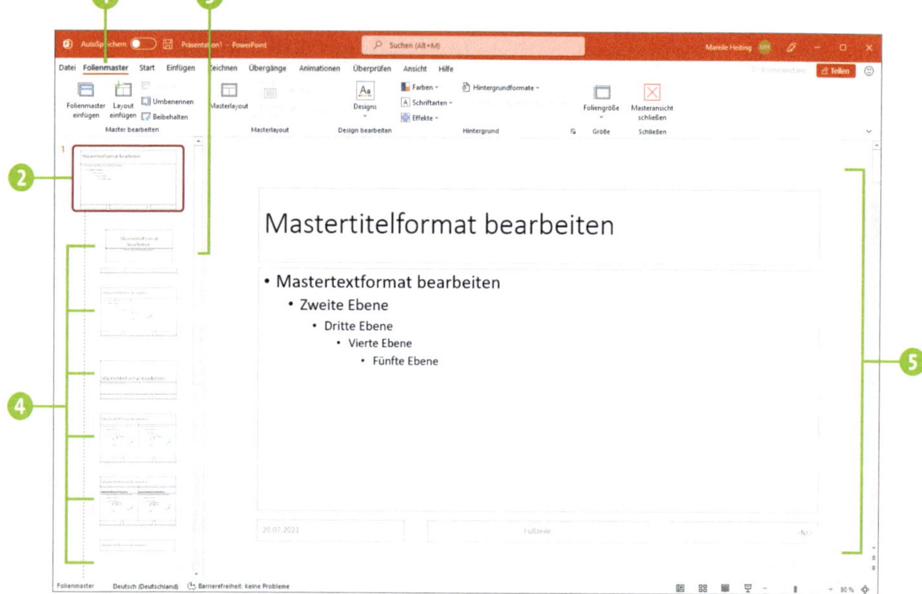

Tipp 138 Das Design auswählen

Die weißen Folien wirken sehr steril. Hier sollten Sie als Erstes etwas Farbe ins Spiel bringen. PowerPoint bringt bereits einige Design-Vorlagen mit, die aus einer Kombination aus Schriftarten, Farben, Hintergründen und Effekten bestehen. Damit das ausgewählte Design allen Folien zugrunde gelegt wird, weisen Sie es dem Folienmaster zu.

1. Markieren Sie ganz zu Beginn der linken Spalte den Folienmaster 1.
2. Klicken Sie im Register **Folienmaster** in der Gruppe **Design bearbeiten** auf **Designs** 2.

3. Wählen Sie im aufklappenden Menü das Design aus, das Ihnen am besten gefällt ❸.

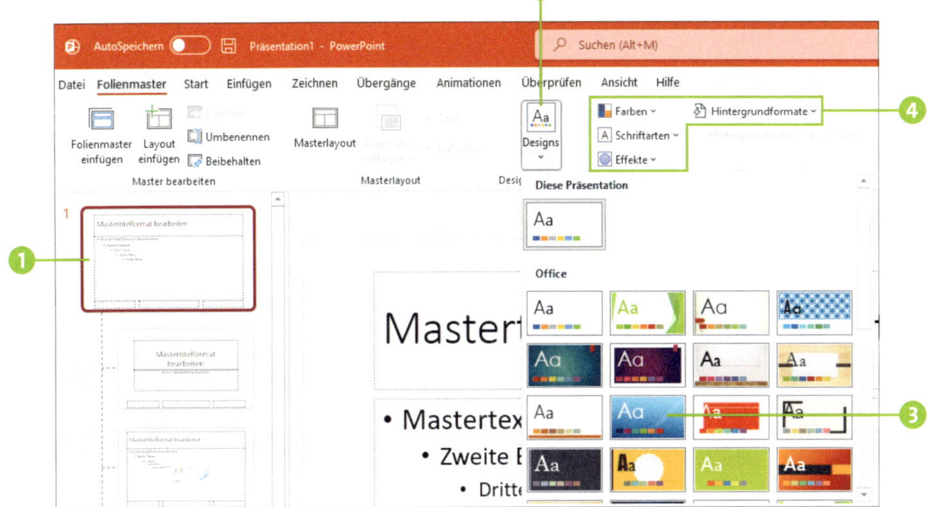

Der Folienmaster sowie alle darunter angezeigten Layouts werden entsprechend der ausgewählten Design-Vorlage angepasst.

4. Je nachdem, für welches Design Sie sich entschieden haben, können Sie teilweise über die entsprechenden Schaltflächen in der Gruppe **Hintergrund** noch die **Farben**, **Schriftarten**, **Effekte** und **Hintergrundformate** ❹ individuell einstellen.

Die Platzhalter des Folienmasters

Tipp 139

Nachdem Sie das Design ausgewählt haben, beschäftigen Sie sich mit den Elementen, die auf jeder Ihrer Folien zu sehen sein sollen. Der Folienmaster enthält hier bereits Platzhalter für fünf Elemente: für den Folientitel ❶, Ihren Text ❷, das Datum ❸, eine Fußzeile ❹ sowie die Foliennummer ❺. Um die Elemente bearbeiten zu können, muss in der linken Spalte der Folienmaster markiert sein (1 auf Seite 199 in der Abbildung oben).

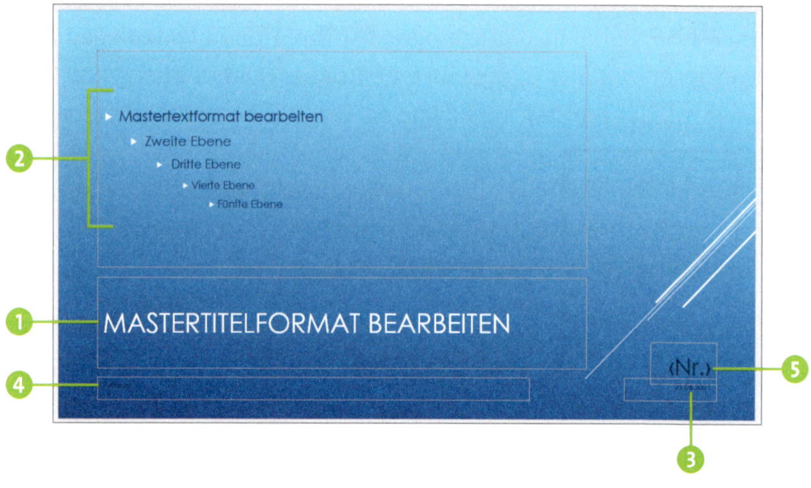

Tipp 140

Firmenlogo in eine Präsentation einfügen

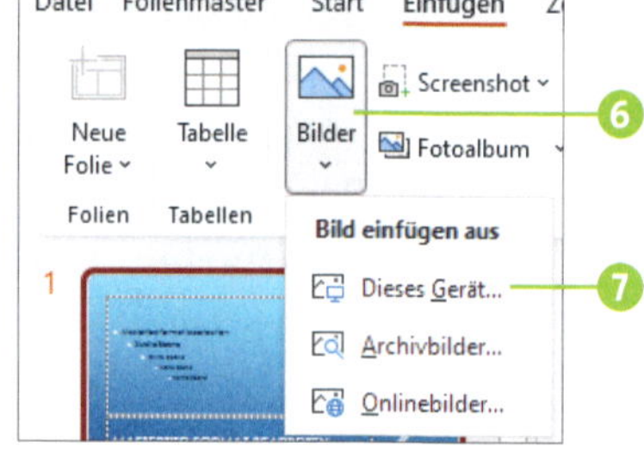

Auf all Ihren Folien soll das Firmenlogo erscheinen? Hierzu klicken Sie im Register **Einfügen** auf **Bilder** 6. Wählen Sie die Quelle aus, in der Ihre Bilder gespeichert sind, z. B. **Dieses Gerät** 7 für Ihren Computer. Wechseln Sie im folgenden Dialog in den Ordner, in dem sich die Grafik befindet. Mit einem Doppelklick auf die Datei fügen Sie das Logo in der Masterfolie ein. Die Größe passen Sie über die Markierungspunkte 8 an. Verschieben Sie die Grafik dann einfach mit gedrückter linker Maustaste an die gewünschte Position.

Formate für die Texte festlegen

Tipp 141

Die Texte, die im Textplatzhalter angezeigt werden, erscheinen nicht in den späteren Folien. Sie dienen nur als Vorlage, um einheitliche Formatierungen für Ihre Folien festzulegen. Markieren Sie hierzu jeweils eine Ebene 1, und klicken Sie diese mit der rechten Maustaste an. Zusätzlich zu einem Kontextmenü, das Sie hier aber nicht benötigen, erscheint eine *Minisymbolleiste* 2. Über ihre Symbole lassen sich u. a. Schriftart, -größe und -farbe anpassen. Analog stellen Sie auch die Formatierung für den Folientitel-Platzhalter 3 ein.

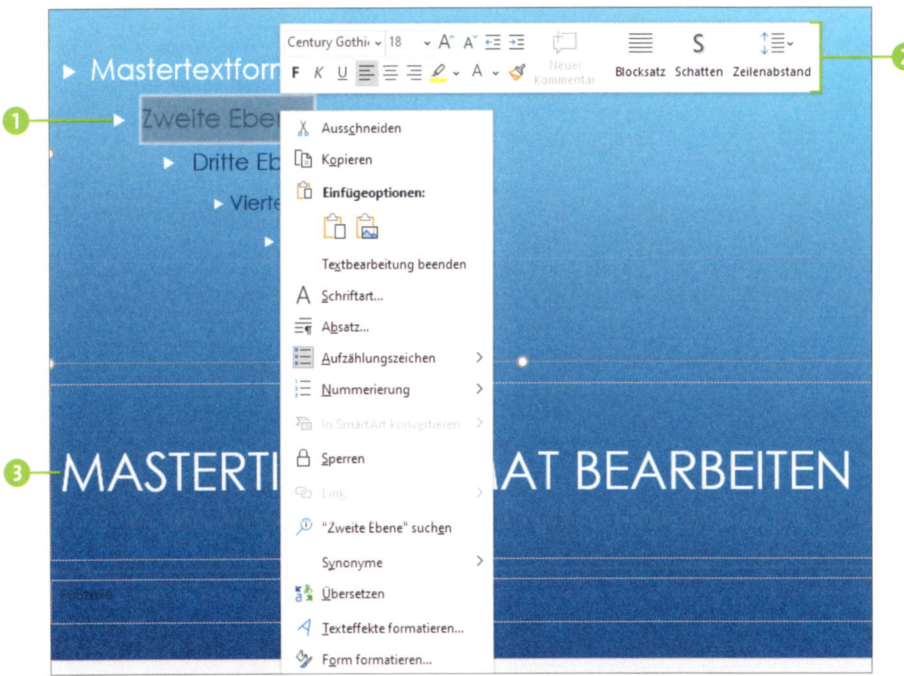

Die Fußzeile der Präsentation anpassen

In der Fußzeile soll auf jeder Folie der Name des Unternehmens oder auch der Name des Vortragenden erscheinen? Klicken Sie hierzu im Register **Einfügen** in der Gruppe **Text** auf **Kopf- und Fußzeile** ❶.

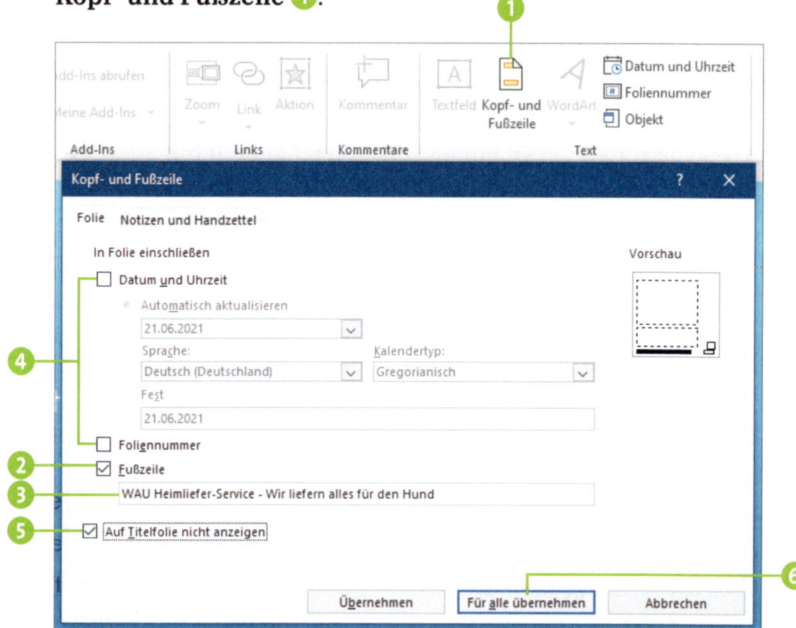

Versehen Sie das Kästchen **Fußzeile** ❷ mit einem Häkchen, und tragen Sie in das Feld darunter den gewünschten Text für die Fußzeile ein ❸. Wenn Sie möchten, können Sie auch noch die **Foliennummer** sowie **Datum und Uhrzeit** durch Aktivieren der entsprechenden Kästchen auf den Folien einblenden ❹. Soll der Text nicht auf der Titelfolie erscheinen, setzen Sie das entsprechende Häkchen ❺. Klicken Sie nun auf **Für alle übernehmen** ❻, erscheint der Text in allen Layout-Folien und später dann auch in den Folien Ihres Vortrags.

Soll der Text in der Fußzeile noch anders formatiert werden, markieren Sie ihn im Platzhalter (siehe Tipp 139 »Die Platzhalter des Folienmasters« ab Seite 199) und nehmen, wie in Tipp 141 »Formate für die Texte festlegen« ab Seite 201 gezeigt, die gewünschten Formatierungen vor.

Nicht benötigte Layouts löschen

Tipp 143

Sehen Sie sich als Nächstes die diversen Layouts an. Überlegen Sie sich, welche der Layouts Sie tatsächlich in Ihren Präsentationen verwenden werden. Ist ein Layout dabei, das Sie sicherlich nicht nutzen werden, sollten Sie es gleich löschen. Hierzu klicken Sie das Layout in der linken Spalte mit der rechten Maustaste an. Im Kontextmenü wählen Sie dann **Layout löschen**. Bedenken Sie allerdings, dass Sie jedes Layout ganz nach Ihren Wünschen gestalten können. Wie dies funktioniert, erfahren Sie im nächsten Tipp. Je mehr Layouts Sie behalten, desto mehr Flexibilität haben Sie später bei der Erstellung von Präsentationen.

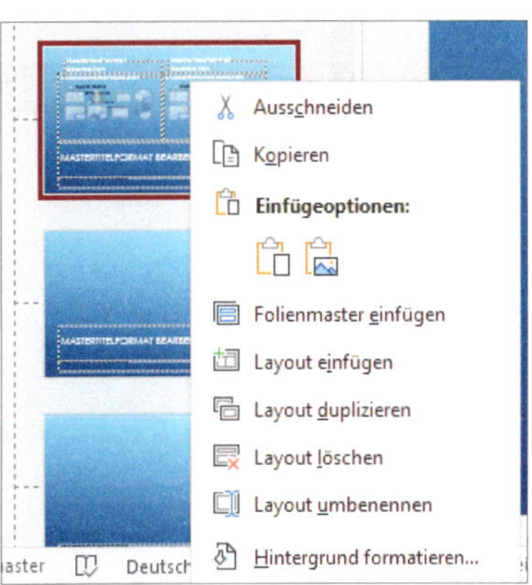

Eine Layout-Folie anpassen

Tipp 144

Wie der Folienmaster enthält auch jedes Layout Platzhalter, die Sie später in den Folien selbst z. B. mit Text oder auch Bildern füllen.

1. Wählen Sie in der linken Spalte das Layout aus, das Sie bearbeiten möchten ①.
2. Die Größe eines Platzhalters lässt sich über die Markierungspunkte ② anpassen. Diese werden sichtbar, sobald Sie den Platzhalter markiert haben.

3. Um einen Platzhalter zu verschieben, markieren Sie ihn ebenfalls. Positionieren Sie dann den Mauszeiger auf dem Rahmen, und ziehen Sie den Platzhalter mit gedrückter linker Maustaste an die gewünschte neue Stelle ③. Über das Register **Formformat(ierung)** ④ (in älteren PowerPoint-Versionen: **Zeichentools | Format**) lässt sich jeder Platzhalter noch individuell formatieren.

4. Möchten Sie auf einer Layout-Folie weitere Platzhalter ergänzen, klicken Sie im Register **Folienmaster** in der Gruppe **Masterlayout** auf **Platzhalter einfügen** ⑤.

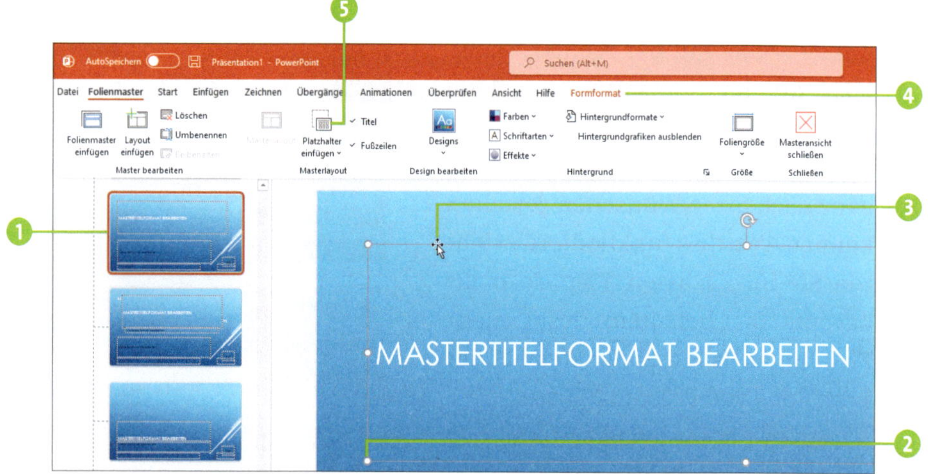

5. Nicht benötigte Platzhalter lassen sich blitzschnell entfernen: einfach per Mausklick markieren und die Taste `Entf` drücken.

6. Haben Sie den Folienmaster sowie alle Layout-Folien entsprechend Ihren Wünschen angepasst, können Sie wieder in die Normalansicht zurückkehren. Hierzu wechseln Sie in das Register **Ansicht** und klicken hier ganz links auf **Normal** ⑥. Alternativ können Sie auch in der Statusleiste auf das Symbol **Normal** klicken (siehe auch Tipp 136 »Den Folienmaster aufrufen« auf Seite 196).

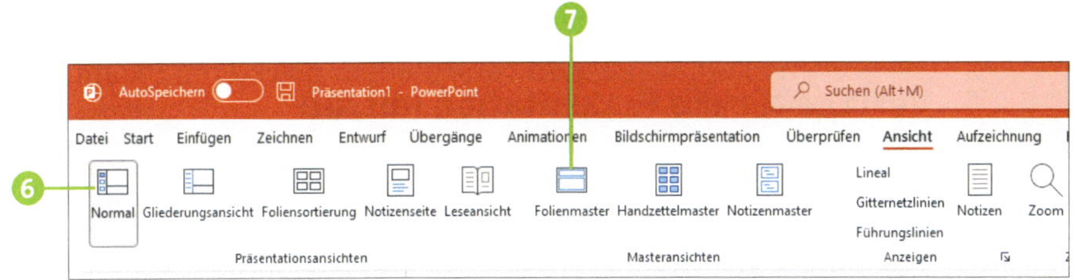

Korrekturen am Folienmaster vornehmen

Sollten Sie später Änderungen vornehmen müssen (z. B. das Firmenlogo austauschen), rufen Sie einfach wieder die Folienmasteransicht 7 auf. Nun können Sie all Ihre Korrekturen vornehmen. Kehren Sie dann wieder zur Normalansicht zurück. Die Änderungen werden automatisch auf allen Folien durchgeführt.

Vorlage für PowerPoint-Präsentationen speichern

Tipp 145

Damit Sie die gerade erstellte Vorlage für Ihre Präsentationen nutzen können, müssen Sie die Datei nun speichern.

1. Rufen Sie im Register **Datei** den Befehl **Speichern unter** auf.

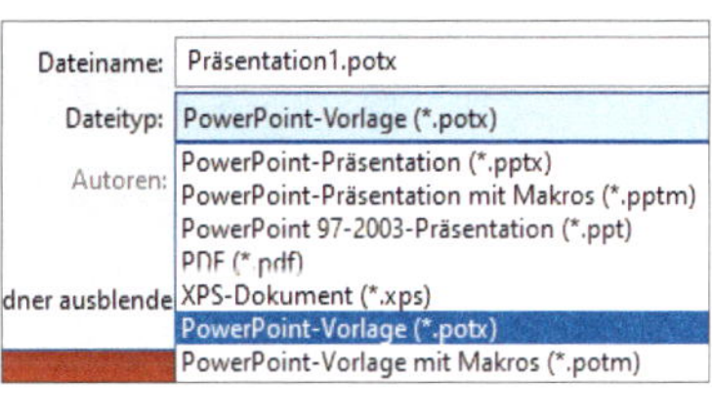

2. Klicken Sie links auf **Durchsuchen**. Im Dialog **Speichern unter** wählen Sie im Feld **Dateityp** die **PowerPoint-Vorlage (*.potx)** aus.
3. Als Speicherort wird Ihnen das Verzeichnis **Benutzerdefinierte Office-Vorlagen** vorgeschlagen (siehe hierzu auch Tipp 074 »Leeres Dokument als Dokumentvorlage speichern« ab Seite 111). Geben Sie noch einen aussagekräftigen Namen für die Vorlage ein, und sichern Sie sie mit **Speichern**.

Tipp 146

Vorlage für die Präsentation nutzen

Sie möchten nun eine Präsentation auf Basis der gerade erstellten Vorlage erzeugen. Rufen Sie hierzu **Datei ► Neu ► Persönlich** auf, markieren Sie Ihre Vorlage, und klicken Sie auf **Erstellen**. Die Präsentation besteht zunächst nur aus einer Folie. Klicken Sie im Register **Start** in der Gruppe **Folien** auf **Neue Folie**, klappt eine Liste mit all den Layout-Folien auf, die Sie im Folienmaster angelegt haben. Wählen Sie das gewünschte Layout aus, und füllen Sie die Platzhalter mit Ihren eigenen Texten und Grafiken.

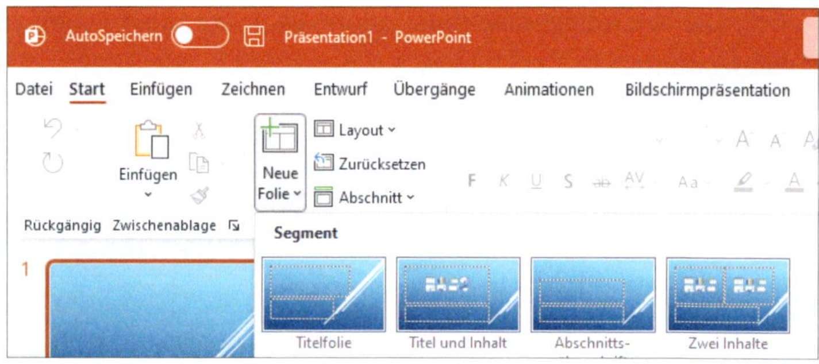

Gebanntes Publikum: Präsentationen aufpeppen

Sie haben sich viel Mühe mit der Vorbereitung Ihrer Präsentation gegeben, wichtige Informationen farblich herausgehoben, griffige Überschriften gewählt, auf ausreichende Textgröße geachtet – und doch will der Funke nicht überspringen? Dann ist es Zeit, die zahlreichen Möglichkeiten von PowerPoint zu nutzen, um Ihre Präsentation lebendiger zu gestalten. Ergänzen Sie Ihre Präsentation z.B. um Tabellen oder Diagramme. Diese »Eyecatcher« lockern Ihren Vortrag auf und sind häufig platzsparender zu präsentieren als ein Text mit vergleichbarem Inhalt.

Tabellen, Diagramme und Objekte in Word einfügen

Die Office-Programme PowerPoint und Word ähneln sich sehr stark in der Bedienung. Das zeigt sich auch beim Einfügen von Tabellen, Diagrammen und anderen Grafiken. Was in diesem Abschnitt am Beispiel von PowerPoint gezeigt wird, funktioniert bis auf kleinere Abweichungen daher auch in Word.

Eine Tabelle in PowerPoint erstellen

Tipp 147

Möchten Sie eine nicht allzu große Tabelle einfügen, in die nur wenige Daten eingetragen werden müssen, erstellen Sie diese am besten direkt in PowerPoint.

1. Klicken Sie im Register **Einfügen** auf **Tabellen ► Tabelle**. Im aufklappenden Menü wählen Sie **Tabelle einfügen**.
2. Tragen Sie im folgenden Dialog die gewünschte Anzahl von Spalten und Zeilen ein, und bestätigen Sie mit **OK**.
3. Befindet sich die neu eingefügte Tabelle noch nicht an der gewünschten Position, bewegen Sie den Mauszeiger auf den äußeren Rahmen. Nimmt er die Form eines Vierfachpfeils ❶ an, verschieben Sie die Tabelle mit gedrückter linker Maustaste. Über die Markierungspunkte ❷ lässt sich außerdem die Größe der Tabelle anpassen.
4. Füllen Sie die Tabelle nun Zelle für Zelle mit den gewünschten Daten.

5. In den beiden Registern **Tabellenentwurf** und **Layout** (3) (in älteren PowerPoint-Versionen: **Tabellentools | Entwurf** sowie **Tabellentools | Layout**) finden Sie zahlreiche Werkzeuge, um die Tabelle noch ansprechender zu gestalten sowie Zeilen und Spalten hinzuzufügen oder auch zu löschen.

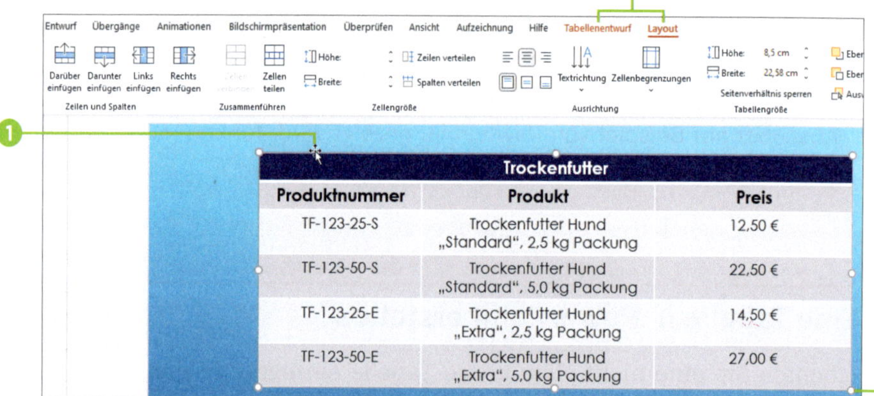

Trockenfutter		
Produktnummer	**Produkt**	**Preis**
TF-123-25-S	Trockenfutter Hund „Standard", 2,5 kg Packung	12,50 €
TF-123-50-S	Trockenfutter Hund „Standard", 5,0 kg Packung	22,50 €
TF-123-25-E	Trockenfutter Hund „Extra", 2,5 kg Packung	14,50 €
TF-123-50-E	Trockenfutter Hund „Extra", 5,0 kg Packung	27,00 €

Tipp 148

Ein Diagramm einfügen

Sie möchten Ihre Präsentation mit einem Diagramm auflockern? Wenn es sich – wie auch schon bei der Tabelle – um eine überschaubare Datenmenge handelt, die im Diagramm dargestellt werden soll, lässt sich auch dieses schnell direkt in PowerPoint erstellen.

1. Rufen Sie **Einfügen ▸ Illustrationen ▸ Diagramm** auf.
2. Im Dialog **Diagramm einfügen** wählen Sie zuerst den Diagrammtyp, z. B. ein Säulendiagramm, aus. Bestätigen Sie mit **OK**. PowerPoint fügt in die Folie nun sowohl eine Diagrammvorlage (1) als auch eine kleine Excel-Tabelle (2) ein.

3. Ergänzen Sie in der Excel-Tabelle die gewünschten Daten. Diese werden direkt ins Diagramm übernommen. Über die Register **Diagrammentwurf** und **Format** ③ (in älteren PowerPoint-Versionen: **Diagrammtools** | **Entwurf** und **Diagrammtools** | **Format**) können Sie das Diagramm noch ansprechender gestalten.

4. Innerhalb des Diagramms können Sie ebenfalls Formatierungen und Ergänzungen vornehmen, wie z. B. die Eingabe eines Diagrammtitels ④.

5. Die Excel-Tabelle lässt sich mit einem Klick auf das Schließen-Symbol ⑤ ausblenden. Möchten Sie später doch noch Daten hinzufügen oder ändern, klicken Sie im Register **Diagrammentwurf** in der Gruppe **Daten** auf **Daten bearbeiten** ⑥, und schon wird die kleine Excel-Tabelle wieder eingeblendet.

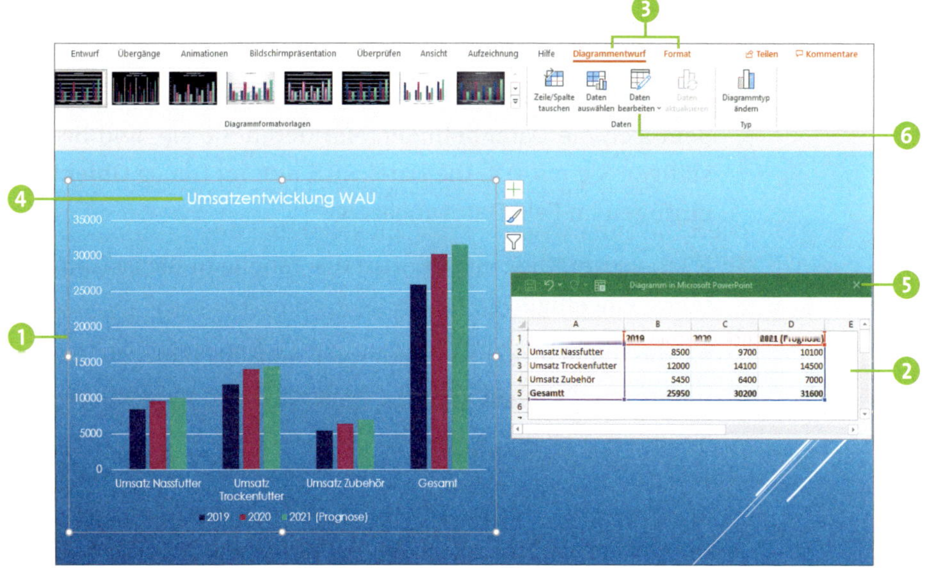

Tipp 149

Objekte aus anderen Programmen einfügen

Sie haben die Daten, die Sie in der Präsentation zeigen möchten, bereits in einem anderen Programm erfasst? In diesem Fall fügen Sie sie am besten als Objekt in die Folie ein. Wie dies funktioniert, zeigen wir kurz am Beispiel einer Excel-Tabelle:

1. Rufen Sie über **Einfügen ▸ Text ▸ Objekt** den Dialog **Objekt einfügen** auf.
2. Aktivieren Sie die Option **Aus Datei erstellen** (1), und klicken Sie auf **Durchsuchen** (2).

3. Im Dialog **Durchsuchen** wechseln Sie in den Ordner, in dem sich die Datei befindet. Markieren Sie sie, und bestätigen Sie mit **OK**. Die Datei wird nun im Dialog **Objekt einfügen** im Feld **Datei** angezeigt.
4. Nach einem Klick auf **OK** wird die Tabelle in die Präsentation eingefügt.
5. Ist die Tabelle recht umfangreich und besteht ggf. aus mehreren Tabellenblättern, müssen Sie nun noch bestimmen, welcher Ausschnitt in der Präsentation zu sehen sein soll. Doppelklicken Sie hierzu auf die gerade eingefügte Tabelle. Innerhalb von PowerPoint wird nun eine Excel-Instanz (3) geöffnet.
6. Besteht die Datei aus mehreren Arbeitsblättern, wählen Sie über die entsprechenden Reiter (4) am unteren Rand

der Tabelle das gewünschte Arbeitsblatt aus. Über den vertikalen 5 und den horizontalen Scrollbalken 6 legen Sie dann den gewünschten Ausschnitt fest.

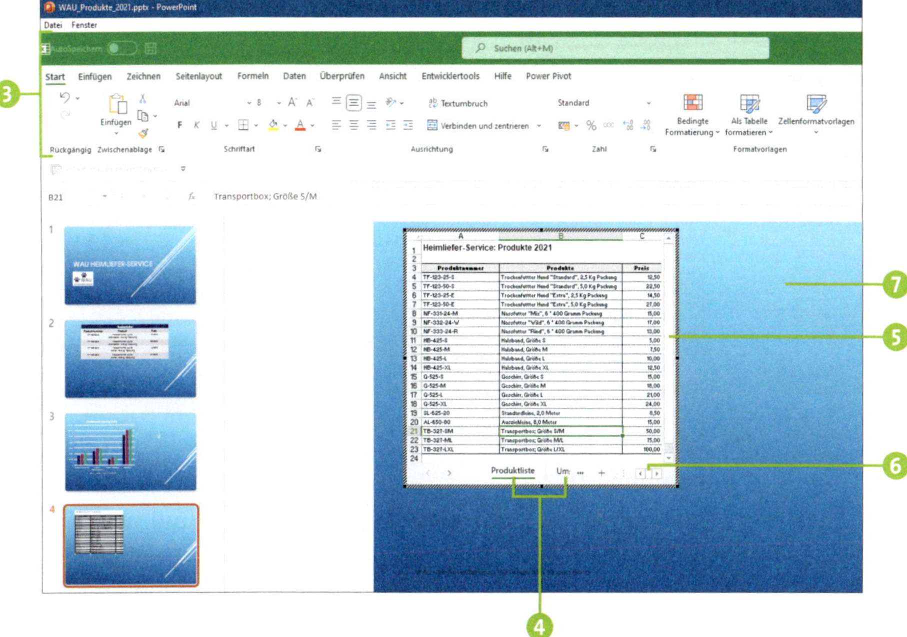

7. Klicken Sie einmal außerhalb der Tabelle 7, um die Excel-Instanz zu schließen. Die Größe der Tabelle lässt sich wie gewohnt über die Markierungspunkte anpassen (siehe auch Tipp 147 »Eine Tabelle in PowerPoint erstellen« ab Seite 207).

8. Im Aufgabenbereich **Objekt formatieren** finden Sie diverse Einstellungsmöglichkeiten, um z. B. die Farben der eingefügten Tabelle anzupassen oder sie auch mit Effekten zu versehen 8. Ist der Aufgabenbereich nicht rechts zu sehen, klicken Sie mit der rechten Maustaste auf die Tabelle und wählen im erscheinenden Kontextmenü **Objekt formatieren**.

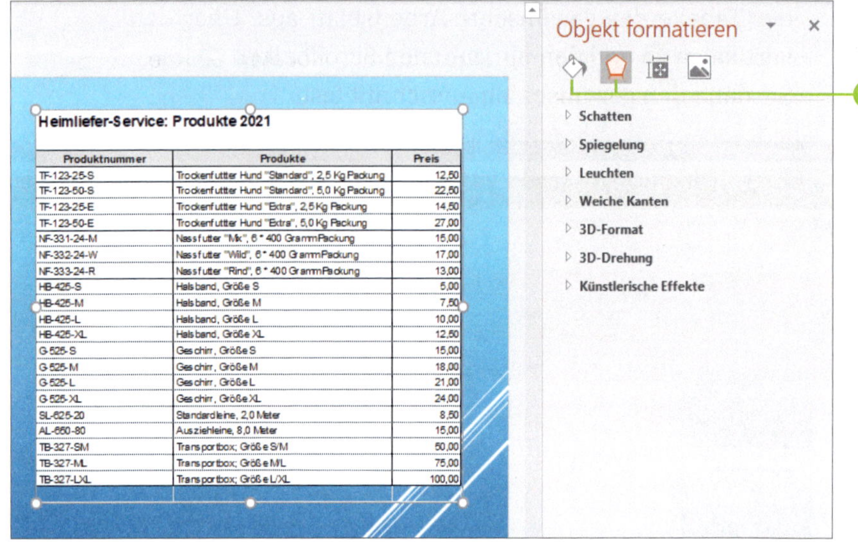

Heimliefer-Service: Produkte 2021

Produktnummer	Produkte	Preis
TF-123-25-S	Trockenfuttter Hund "Standard", 2,5 Kg Packung	12,50
TF-123-50-S	Trockenfuttter Hund "Standard", 5,0 Kg Packung	22,50
TF-123-25-E	Trockenfuttter Hund "Extra", 2,5 Kg Packung	14,50
TF-123-50-E	Trockenfuttter Hund "Extra", 5,0 Kg Packung	27,00
NF-331-24-M	Nassfutter "Mix", 6 * 400 Gramm Packung	15,00
NF-332-24-W	Nassfutter "Wild", 6 * 400 Gramm Packung	17,00
NF-333-24-R	Nassfutter "Rind", 6 * 400 Gramm Packung	13,00
HB-425-S	Halsband, Größe S	5,00
HB-425-M	Halsband, Größe M	7,50
HB-425-L	Halsband, Größe L	10,00
HB-425-XL	Halsband, Größe XL	12,50
G-525-S	Geschirr, Größe S	15,00
G-525-M	Geschirr, Größe M	18,00
G-525-L	Geschirr, Größe L	21,00
G-525-XL	Geschirr, Größe XL	24,00
SL-625-20	Standardleine, 2,0 Meter	8,50
AL-650-80	Ausziehleine, 8,0 Meter	15,00
TB-327-SM	Transportbox; Größe S/M	50,00
TB-327-ML	Transportbox; Größe M/L	75,00
TB-327-LXL	Transportbox; Größe L/XL	100,00

9. Möchten Sie noch Änderungen an der Quelldatei vornehmen? In diesem Fall öffnen Sie die Datei ebenfalls per Doppelklick auf die eingefügte Tabelle und nehmen dann Ihre Korrekturen vor. Sind alle Bearbeitungen abgeschlossen, klicken Sie auf einen Bereich außerhalb der Tabelle. Doch Achtung: Die Änderungen gelten nur für das Objekt in PowerPoint, sie werden nicht in die Originaldatei – hier also die Excel-Tabelle – übernommen. Lesen Sie hierzu auch den folgenden Kasten »Datenaktualisierungen in der Präsentation übernehmen«.

Datenaktualisierungen in der Präsentation übernehmen

Die Originaldatei wird von Ihnen oder auch Kolleg*innen immer wieder überarbeitet? Damit in Ihrer Präsentation immer der aktuellste Stand zu sehen ist, aktivieren Sie im Dialog **Objekt einfügen** das Kästchen **Verknüpfung** (9 auf Seite 210). Um die Änderungen in der Präsentation zu übernehmen, klicken Sie in PowerPoint mit der rechten Maustaste auf das eingebettete Objekt, also etwa die Tabelle. Im Kontextmenü markieren Sie **Verknüpfung aktualisieren**. Möchten Sie die Präsentation versenden, sollten Sie sich allerdings genau überlegen, ob Sie den Empfänger*innen dadurch Zugriff auf die verknüpfte Datei gestatten wollen.

Einfügen über die Zwischenablage

Tipp 150

Eine weitere Alternative, Tabellen oder Diagramme in PowerPoint einzufügen, bietet das *Copy & Paste*-Verfahren (auf Deutsch »Kopieren & Einfügen«). Möchten Sie z.B. ein Diagramm aus einer Excel-Datei kopieren, öffnen Sie die entsprechende Datei. Markieren Sie dort das gewünschte Diagramm. Drücken Sie die Tastenkombination [Strg] + [C], um das Diagramm in die Zwischenablage zu kopieren. Wechseln Sie nun zu Ihrer PowerPoint-Präsentation und dort zur Folie, in die das kopierte Element eingefügt werden soll. Drücken Sie die Tastenkombination [Strg] + [V]. Das Diagramm wird nun zwar sofort auf der Folie eingeblendet, Sie können aber noch ein paar wichtige Einstellungen vornehmen.

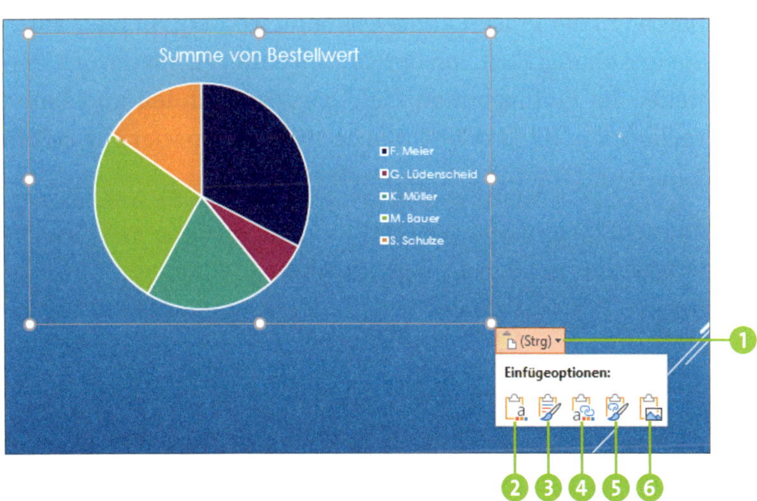

Klicken Sie in der rechten unteren Ecke des eingefügten Elements auf das Symbol **Einfügeoptionen** 1, werden Ihnen verschiedene Möglichkeiten zum Einfügen des Diagramms angeboten. Mit dem Symbol **Zieldesign verwenden und Arbeitsmappe einbetten (Z)** 2 wird das Tabellenblatt mit dem Diagramm und den Datenreihen in die Folie eingebettet. Für die Formatierung werden die Formatvorgaben der Präsentation übernommen. Möchten Sie das Diagramm zwar einbetten, dabei aber die Formatierung der Excel-Datei beibehalten, klicken Sie auf **Ursprüngliche Formatierung beibehalten und Arbeitsmappe einbetten (U)** 3.

Wenn Sie noch Änderungen am Diagramm oder den Datenreihen vornehmen möchten, klicken Sie mit der rechten Maustaste auf das Diagramm. Im Kontextmenü finden Sie nun z.B. Befehle zum Ändern des Diagrammtyps oder zum Bearbeiten der Daten. Doch Vorsicht: Diese Änderungen erscheinen nur im eingebetteten Objekt in PowerPoint, nicht in der Originaldatei, sprich der Excel-Datei, aus der Sie das Diagramm kopiert haben.

Sollen spätere Änderungen auch in die ursprüngliche Excel-Datei übernommen werden, müssen die eingefügten Daten mit der Präsentation verknüpft werden. Hierzu wählen Sie in Abhängigkeit von der gewünschten Formatierung entweder die Einfügeoption **Zieldesign verwenden und Daten verknüpfen (L)** 4 oder **Ursprüngliche Formatierung beibehalten und Daten verknüpfen (F)** 5.

Mit dem letzten Symbol **Grafik (A)** 6 wird nur ein Bild des Diagramms in die Folie übernommen. Hier können Sie lediglich die Position auf der Folie und die Größe der Grafik verändern.

SmartArt – die schnelle Grafik

Müssen Sie in Ihrer Präsentation spezielle Abläufe oder Hierarchien erklären? So etwas lässt sich wunderbar mithilfe kleiner Bilder darstellen. Über **Einfügen ▸ Illustrationen ▸ SmartArt** bietet PowerPoint vordefinierte Grafiken an, die Sie dann mit individuellen Texten füllen. Wählen Sie zunächst im Dialog **SmartArt-Grafik auswählen** per Doppelklick die gewünschte Grafik aus. Die Grafik wird sofort in die Folie eingefügt. Sie können Ihre Texte nun entweder in das Feld links neben der Grafik ❶ oder direkt in die Grafik ❷ eingeben. Klicken Sie mit der rechten Maustaste auf die Grafik, werden Ihnen weitere Gestaltungsoptionen wie Schriftart, -größe und -farbe sowie Hintergrundfarbe angeboten.

Die Präsentation mit Animationen aufpeppen

Tipp 151

Eine beliebte Methode, um Präsentationen lebendiger zu gestalten, ist der Einsatz von Animationseffekten. Statt den gesamten Inhalt einer Folie sofort zu zeigen, werden Texte, Bilder oder Grafiken Schritt für Schritt nacheinander eingeblendet.

1. Markieren Sie das Element, das als Erstes zu sehen sein soll. Dabei kann es sich um einen Textbereich handeln, eine Tabelle oder auch eine Grafik.
2. Wählen Sie im Register **Animationen** in der Gruppe **Animation** einen der Effekte aus, z. B. **Erscheinen** ❶ oder **Einfliegen**.

3. Markieren Sie nun das zweite Element, und weisen Sie auch diesem eine Animation zu. Wiederholen Sie dies mit allen weiteren Elementen, die nacheinander eingeblendet werden sollen.
4. Klicken Sie im Register **Animationen** in der Gruppe **Erweiterte Animation** auf **Animationsbereich** ❷, um den gleichnamigen Aufgabenbereich einzublenden. In diesem werden Ihre ausgewählten Animationen einzeln aufgelistet. Über die Pfeiltasten ❸ lässt sich die Reihenfolge noch ändern.
5. Um die Anzeigedauer der Animation einzurichten, nutzen Sie die Felder im Register **Animationen** in der Gruppe **Anzeigedauer** ❹.

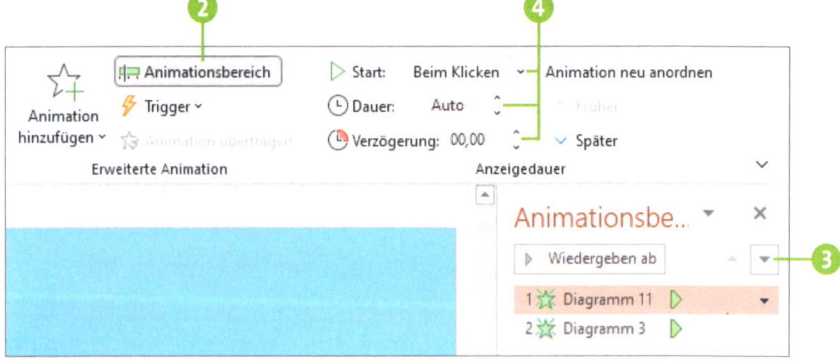

Weniger ist mehr

Verwenden Sie nicht zu viele unterschiedliche Animationseffekte, sondern beschränken Sie sich auf ein oder zwei. Damit stellen Sie auch durch die Animationseffekte einen einheitlichen Auftritt sicher und lenken nicht vom Inhalt ab.

Gut gewappnet für den späteren Vortrag: die Notizfunktion nutzen

In praktisch jeder Schulung zu Präsentationstechniken wird darauf hingewiesen, nicht zu viel Text auf eine Folie zu packen und die Textgröße nicht zu klein zu wählen. Was die Teilnehmenden im kleinen Besprechungszimmer vielleicht noch lesen können, ist im großen Vortragssaal für Personen in den letzten Reihen kaum zu entziffern. Statt längerer Textpassagen sollte eine Folie außerdem nur die wichtigsten Punkte enthalten. Doch genau da liegt das Problem: Denn viele befürchten, nicht genügend Informationen bieten zu können, und überfrachten die Folien deshalb mit viel zu viel Text. Dabei bietet PowerPoint eine elegante Lösung: Mithilfe der Notizfunktion bringen Sie alle Erläuterungen in der Präsentation unter, ohne aber die Folien zu überladen.

Anmerkungen und Ergänzungen einfach notieren

Tipp 152

Häufig fallen einem bei der Vorbereitung eines Vortrags wichtige Punkte ein, die zwar nicht auf einer Folie erscheinen sollen, die man aber unbedingt erwähnen will. Damit diese Informationen nicht in Vergessenheit geraten, können Sie sie, bereits während Sie an den einzelnen Folien arbeiten, notieren. Klicken Sie hierzu in der Statuszeile am unteren Bildrand auf **Notizen** ①. Unterhalb der Folie wird nun ein schmaler Bereich eingeblendet, in dem Sie Ihre Anmerkungen notieren ②.

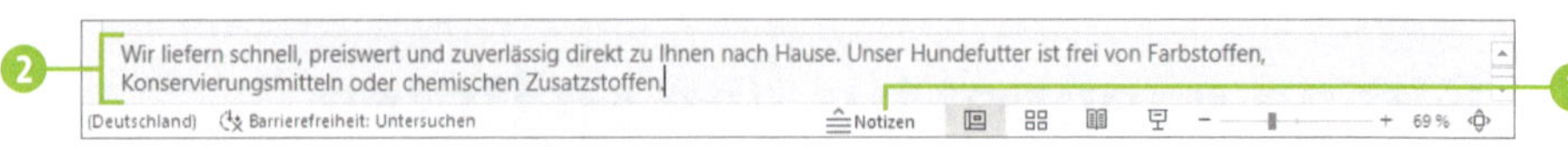

Benötigen Sie zum Bearbeiten Ihrer Notizen etwas mehr Platz, rufen Sie **Ansicht ▸ Präsentationsansichten ▸ Notizenseite** auf. In der oberen Fensterhälfte sehen Sie nun die Folie, im Bereich darunter ergänzen Sie im Textfeld weitere Anmerkungen.

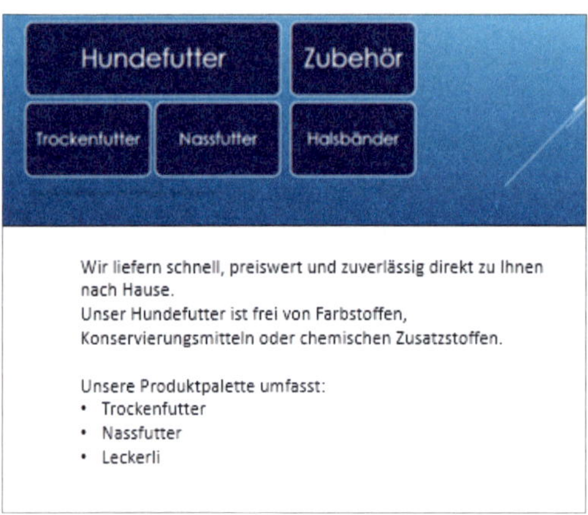

Die Notizen können Sie während Ihres Vortrags z. B. als Spickzettel nutzen. Sie sind aber auch eine gute Alternative, um Ihren Zuhörerinnen und Zuhörern noch ergänzende Informationen zur Verfügung zu stellen. Wie Sie die Notizen später als Handouts verteilen können, erfahren Sie in Tipp 155 »Präsentation als PDF-Datei speichern« auf Seite 221.

Notizen formatieren

Sollen auf den Notizseiten die Foliennummern und das Datum angezeigt werden? Solche Einstellungen nehmen Sie am besten im Notizenmaster vor, den Sie über **Ansicht ▸ Masteransichten ▸ Notizenmaster** aufrufen. Sie können hier – vergleichbar mit dem Folienmaster – die vorhandenen Platzhalter für Kopf- und Fußzeile oder auch Datum füllen. Benötigen Sie einen der Platzhalter nicht, entfernen Sie im Register **Notizenmaster** in der Gruppe **Platzhalter** einfach das Häkchen vor dem entsprechenden Element.

Präsentation an andere weiterleiten

Die Folien für Ihren Vortrag sind fertig. Nun ist die Frage, wie die Datei gespeichert werden soll. Bei der Wahl des Dateiformats spielt es eine Rolle, ob Sie die Präsentation an andere weiterreichen möchten oder nicht.

Datei als Bildschirmpräsentation speichern

Tipp 153

Wenn Sie Ihre Präsentation über **Datei ▸ Speichern unter ▸ Durchsuchen** sichern, bietet Ihnen PowerPoint zunächst das Format **PowerPoint-Präsentation (*.pptx)** an. Jeder, der diese Datei öffnet, kann sie auch ändern. Während einer Veranstaltung, in der womöglich auch andere Personen Zugriff auf den PC mit der gespeicherten Präsentation haben, ist dies nicht unbedingt erwünscht. Hier ist das Format **PowerPoint-Bildschirmpräsentation (*.ppsx)** eine gute Alternative.

Die Bildschirmpräsentation wiedergeben

Wenn Sie als Speicherformat für die Datei die PowerPoint-Bildschirmpräsentation wählen, wird die Präsentation nach dem Öffnen sofort im Vollbildmodus dargestellt und kann präsentiert, aber nicht geändert werden. Mithilfe des Scrollrades der Maus blättern Sie bequem in der Präsentation vor und zurück. Alternativ können Sie auch die Pfeiltasten der Tastatur nutzen. Wurde die letzte Folie angezeigt, wird die Präsentation automatisch beendet und der Vollbildmodus verlassen. Möchten Sie die Präsentation und somit auch den Vollbildmodus vorzeitig schließen, drücken Sie die Esc-Taste.

Mit der linken Maustaste können Sie ebenfalls vorwärtsblättern. Drücken Sie die rechte Maustaste, finden Sie im Kontextmenü neben Befehlen zur Navigation auch interessante Zeigeroptionen, wie etwa einen Laserpointer und einen Textmarker. Nach Auswahl eines Zeigers können Sie während der Präsentation interessante Stellen besonders hervorheben. Möchten Sie diese Hervorhebungen nach dem Beenden der Präsentation beibehalten, klicken Sie auf die gleichnamige Schaltfläche. Andernfalls verwerfen Sie die Markierungen.

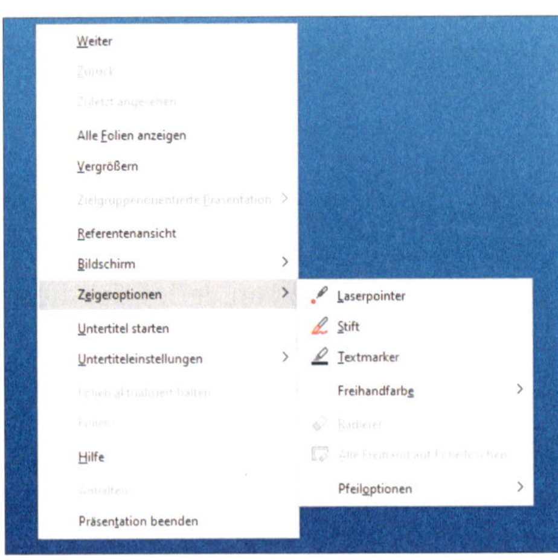

Präsentation als PDF-Datei speichern

Tipp 155

Möchten Sie Ihre Präsentation nach dem Vortrag als Handout verteilen? Hierfür eignet sich vor allem das Dateiformat PDF. Um die Datei zu sichern, rufen Sie über **Datei ► Speichern unter** wieder den Dialog **Durchsuchen** auf. Dort wählen Sie den Dateityp **PDF (*.pdf)** aus und geben einen Dateinamen sowie den Speicherort an.

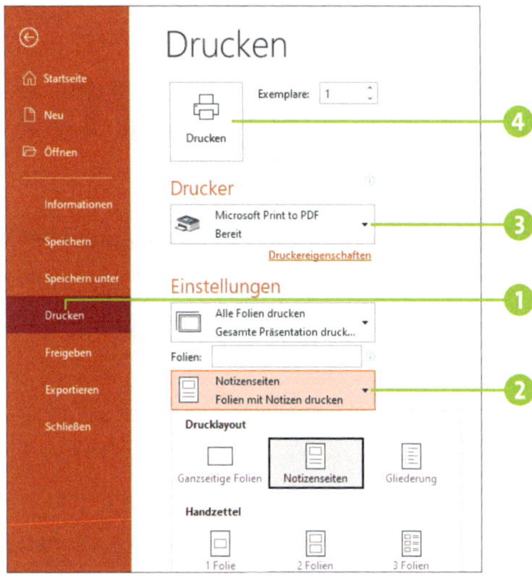

Wollen Sie die Notizenansicht mit Ihren ergänzenden Informationen und Kommentaren verteilen, müssen Sie einen etwas anderen Weg gehen: Rufen Sie in diesem Fall **Datei ► Drucken** ❶ auf. Unter **Einstellungen** wählen Sie dann die **Notizenseiten** ❷. Nach Auswahl eines entsprechenden PDF-Druckers (z. B. **Microsoft Print to PDF** ❸) und einem Klick auf **Drucken** ❹ werden alle Notizenseiten als PDF-Datei erzeugt, die Sie anschließend natürlich auch auf Papier ausdrucken können.

Präsentation als Video speichern

Ihre Präsentation enthält Animationen oder eingebettete Filmsequenzen, die beim Weiterleiten an andere Personen nicht verloren gehen sollen? In diesem Fall bietet es sich an, die Datei den Empfänger*innen als Video zur Verfügung zu stellen. Hierzu wählen Sie einfach über **Datei ► Speichern unter ► Durchsuchen** als Dateityp **Windows Media Video (*.wmv)** aus.

So gelingt gutes Teamwork

Dokumente mit Kommentaren versehen

Ein Teammitglied bittet Sie um Ihre Meinung zu einem Bericht, den es verfasst hat. Nutzen Sie hierfür die Kommentarfunktion, werden Ihre Bemerkungen jeweils in einer Sprechblase am Rand des Textes eingeblendet. Das Vorgehen hierzu ist bei Word, Excel und PowerPoint bis auf minimale Unterschiede identisch.

Kommentar einfügen

Tipp 156

Wenn Sie eine Textpassage oder einen Zellbereich kommentieren möchten, markieren Sie diesen Part zunächst. Klicken Sie dann im Register **Überprüfen** in der Gruppe **Kommentare** auf **Neuer Kommentar** 1. Geben Sie Ihre Anmerkung in die Sprechblase ein, die nun am Textrand eingeblendet wird 2. Sie enthält bereits die Initialen und Ihren Benutzernamen. Mit einem Klick auf das Symbol **Posten** schließen Sie die Eingabe ab. In älteren Office-Versionen, in denen dieses Symbol noch nicht angeboten wird, reicht hierzu das Drücken der Taste ↵.

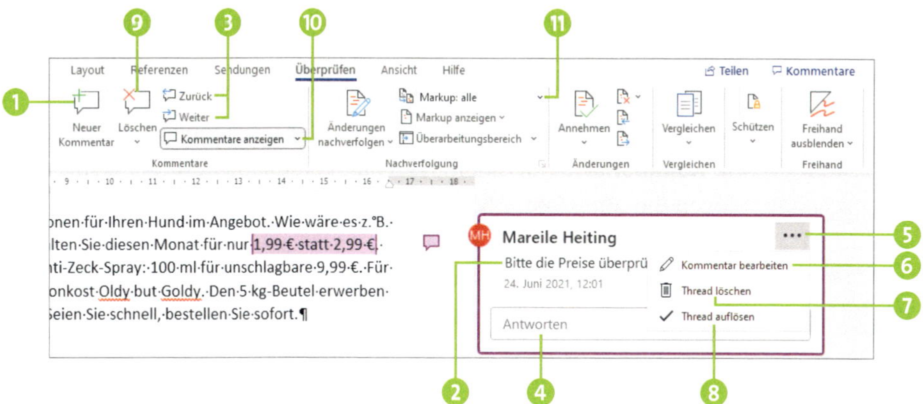

Tipp 157

Kommentar beantworten oder löschen

Über die Schaltflächen **Weiter** bzw. **Zurück** ③ im Register **Überprüfen** gelangen Sie von einem Kommentar zum nächsten. Sowohl in Word als auch in PowerPoint lässt sich nach einem Klick in eine Sprechblase der entsprechende Kommentar direkt beantworten ④. Falls Sie an Ihrem eigenen Kommentar noch Änderungen vornehmen möchten, klicken Sie auf das Symbol mit den drei kleinen Punkten ⑤ und dann auf **Kommentar bearbeiten** ⑥. Über den Befehl **Thread löschen** ⑦ lässt sich ein Kommentar inklusive aller Antworten löschen. Mit **Thread auflösen** ⑧ werden die Kommentare zwar weiterhin angezeigt, können aber nicht mehr bearbeitet werden. In älteren Versionen von Word, PowerPoint und Excel wird das Symbol mit den drei kleinen Punkten nicht angezeigt. Hier wählen Sie zum Löschen eines zuvor markierten Kommentars die Schaltfläche **Löschen** ⑨ im Menüband.

Kommentare einblenden

Bei Ihnen werden keine Kommentare angezeigt? In Excel und PowerPoint reicht jeweils ein Klick auf **Kommentare anzeigen** ⑩ im Register **Überprüfen**. Um diese Schaltfläche in Word aktivieren zu können, muss in der Gruppe **Nachverfolgung** im Feld **Anzeige zur Überarbeitung** ⑪ der Eintrag **Einfaches Markup** eingestellt sein. Alternativ ist auch die Einstellung **Markup: alle** möglich. Sollten die Kommentare dann trotzdem nicht angezeigt werden, klicken Sie zusätzlich auf **Markup anzeigen** und stellen sicher, dass in der aufklappenden Liste **Kommentare** mit einem Häkchen versehen ist. In der Liste legen Sie auch fest, ob neu eingefügter oder gelöschter Text sowie Formatänderungen eingeblendet werden, sobald der Überarbeitungsmodus aktiviert ist (siehe dazu Tipp 158 »Den Überarbeitungsmodus aktivieren« auf Seite 226).

Dateien im Überarbeitungsmodus korrigieren

Wenn mehrere Personen ein Dokument bearbeiten, möchte man gerne auf einen Blick sehen, wer welche Korrekturen vorgenommen hat. Word bietet hierfür den praktischen Überarbeitungsmodus: Ist er eingeschaltet, werden alle am Dokument vorgenommenen Änderungen protokolliert und entsprechend gekennzeichnet.

Eine Datei mit einem Kennwort sichern

Sowohl Word, Excel als auch PowerPoint bieten die Möglichkeit, Dateien mit einem Kennwort zu schützen. Der Schutzmechanismus wird beim Speichern der Datei festgelegt. Rufen Sie hierzu **Datei ▸ Speichern unter ▸ Durchsuchen** auf. Klicken Sie unten rechts auf **Tools ▸ Allgemeine Optionen**. Im folgenden Dialog können Sie zunächst ein **Kennwort zum Öffnen** der Datei festlegen. Nur wer dieses kennt, erhält auch Zugriff auf die Datei. Um zu verhindern, dass unberechtigte Personen Änderungen an der Datei vornehmen, geben Sie in das Feld **Kennwort zum Ändern** das Passwort ein. Schließen Sie den Dialog mit **OK**. Im Dialogfeld **Kennwort bestätigen** geben Sie nochmals das Kennwort ein und schließen den Dialog mit **OK**. Sichern Sie die Datei dann wie gewohnt. Der Dokumentschutz ist natürlich mit großer Vorsicht einzusetzen: Denn vergessen Sie das Kennwort, können Sie selbst auch nicht mehr auf die Datei zugreifen!

Tipp 158

Den Überarbeitungsmodus aktivieren

Damit Word alle Änderungen am Dokument aufzeichnet, aktivieren Sie im Register **Überprüfen** in der Gruppe **Nachverfolgung** die Schaltfläche **Änderungen nachverfolgen** ①. Alternativ dazu drücken Sie die Tastenkombination [Strg] + [⇧] + [E]. Auf die gleiche Weise lässt sich der Überarbeitungsmodus auch wieder deaktivieren.

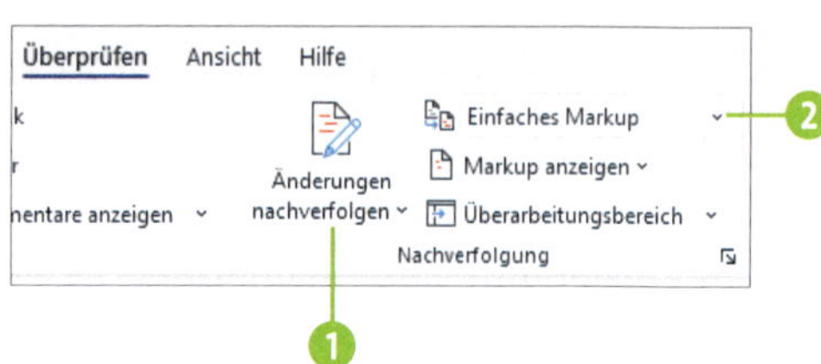

Tipp 159

Anzeige zur Überarbeitung festlegen

Nehmen Sie nun Änderungen am Text vor, werden diese von Word aufgezeichnet. Ist im Register **Überprüfen** in der Gruppe **Nachverfolgung** im Feld **Anzeige zur Überarbeitung** ② der Eintrag **Markup: alle** eingestellt, wird jeder neu eingefügte Text farbig hervorgehoben ③. Ein gelöschter Text bleibt zwar zunächst stehen, allerdings durchgestrichen ④ (siehe auch den Kasten »Kommentare einblenden« auf Seite 224). Bewegen Sie den Mauszeiger über die Textpassagen, erfahren Sie, wer die Korrekturen durchgeführt hat (siehe den Kasten »Einstellungen für den Überarbeitungsmodus festlegen« ab Seite 228) ⑤. Auf Änderungen an den Formatierungen weist Word am Textrand hin ⑥.

Haben Sie im **Anzeige zur Überarbeitung**-Feld **Einfaches Markup** gewählt ⑦, finden Sie überall dort, wo Textänderungen vorgenommen wurden, am linken Seitenrand einen roten Strich 8. Ein Klick hierauf, und Word wechselt zur **Markup: alle**-Ansicht. Wenn Sie die neue Textfassung ohne jegliche Korrekturen betrachten möchten, stellen Sie im **Anzeige zur Überarbeitung**-Feld **Markup: keine** 9 ein. Mit **Original** 10 erfahren Sie, wie das Dokument vor den Korrekturen aussah.

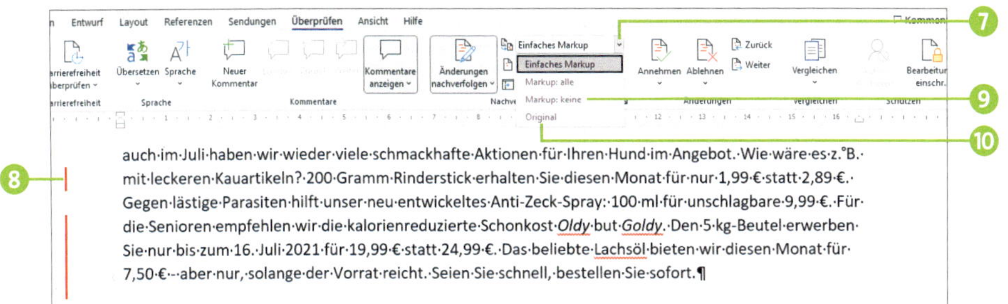

Änderungen annehmen und ablehnen

Tipp 160

Sie möchten die Korrekturen nun in Ruhe prüfen und entscheiden, welche angenommen und welche verworfen werden? Hierfür benötigen Sie den Überarbeitungsmodus nicht mehr. Sie können ihn also per Klick auf **Änderungen nachverfolgen** im Register **Überprüfen** wieder deaktivieren.

1. Positionieren Sie die Einfügemarke am Anfang des Dokuments. Mit einem Klick auf **Weiter** 1 in der Gruppe **Änderungen** des Registers **Überprüfen** gelangen Sie zur ersten Korrektur im Dokument.
2. Sind Sie mit ihr einverstanden, übernehmen Sie sie mit einem Klick auf **Annehmen** 2 in der gleichen Gruppe. Gefällt sie Ihnen nicht, verwerfen Sie die Korrektur mit **Ablehnen** 3.
3. Mit **Weiter** bzw. **Zurück** 4 prüfen Sie nun eine Änderung nach der anderen.

4. Sagen Ihnen alle Änderungen zu, müssen Sie sich nicht mühselig von einer Korrektur zur nächsten arbeiten. Klicken Sie stattdessen auf den Pfeil unterhalb von **Annehmen**, und wählen Sie im aufklappenden Menü **Alle Änderungen annehmen**.

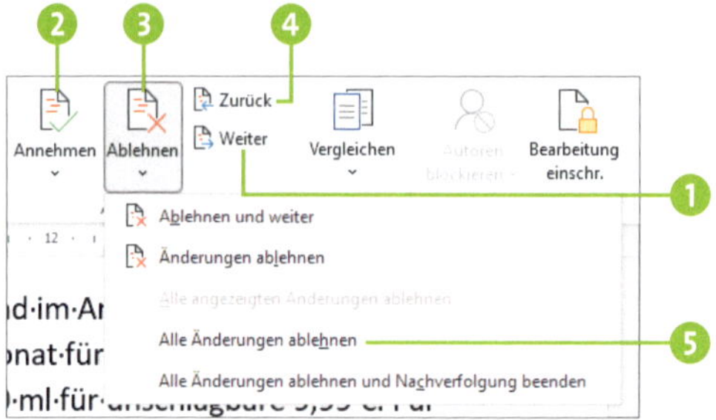

5. Analog lassen sich auch alle Änderungen mit nur zwei Mausklicks verwerfen: den ersten auf den Pfeil unterhalb von **Ablehnen**, den zweiten dann auf **Alle Änderungen ablehnen** 5.

Einstellungen für den Überarbeitungsmodus festlegen

Soll ein gelöschter Text einfach oder doppelt durchgestrichen werden? In welcher Farbe sollen die Korrekturen angezeigt werden? Erhält jeder Autor (also jede Person, die Änderungen am Dokument vorgenommen hat) eine eigene Farbe? Alle diese Einstellungen legen Sie im Dialog **Erweiterte Optionen zum Nachverfolgen von Änderungen** fest. Um diesen zu öffnen, klicken Sie im Register **Überprüfen** auf das kleine Symbol in der rechten unteren Ecke der Gruppe **Nachverfolgung** und im nächsten Dialog auf **Erweiterte Optionen**.

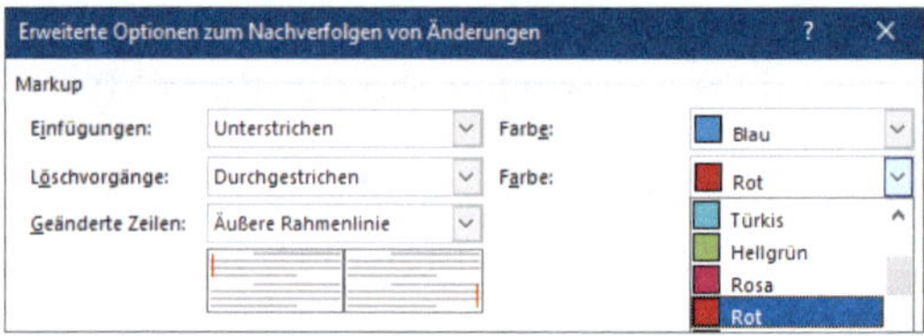

Dateien freigeben und gemeinsam bearbeiten

Sie müssen gemeinsam mit Teammitgliedern z. B. eine Präsentation vorbereiten und dabei gleichzeitig an einer Datei arbeiten? Nutzen Sie und die anderen Personen ein Microsoft-365-Abonnement und somit automatisch die jeweils neueste Version von Word, PowerPoint oder auch Excel, lässt sich dies leicht bewerkstelligen. Die Datei muss hierzu allerdings in der Cloud *OneDrive* (oder alternativ in *SharePoint*) gespeichert werden, wo sie dann für andere Nutzer*innen freigegeben wird. Am Beispiel einer PowerPoint-Präsentation zeigen wir Ihnen in den folgenden Tipps, wie Sie hierzu im Detail vorgehen.

Office-Version ermitteln

Um gleichzeitig eine Datei bearbeiten zu können, benötigen Sie zum einen ein Microsoft-365-Abonnement, zum anderen müssen Sie bei Microsoft 365 mit Ihrem Abonnement-Konto angemeldet sein. Bei diesem Konto handelt es sich z. B. um Ihr privates Microsoft-Konto, das Geschäfts- oder auch Schulkonto. Falls Sie sich nicht sicher sind, mit welcher Office-Version Sie arbeiten, rufen Sie in einem der Office-Programme (z. B. PowerPoint) **Datei ► Konto** auf. In der rechten Fensterhälfte werden Ihnen nun nicht nur die Produktinformationen angezeigt 1, Sie erfahren auch, ob und ggf. mit welchem Microsoft-Konto Sie angemeldet sind 2. Ihr Kontoname wird zudem am rechten Rand der Titelleiste angezeigt 3. Sollten Sie nicht angemeldet sein, finden Sie hier die Schaltfläche **Anmelden**, über die Sie die Anmeldung nachholen können.

Tipp 161 Datei in OneDrive hochladen

Haben Sie die PowerPoint-Präsentation, die Sie gemeinsam mit anderen Personen bearbeiten möchten, lokal auf Ihrem Computer gespeichert, müssen Sie sie zunächst in die Cloud *OneDrive* hochladen. Befindet sich die Datei bereits im Online-Speicher, können Sie direkt mit Tipp 162 »Datei in OneDrive freigeben« auf Seite 231 fortfahren.

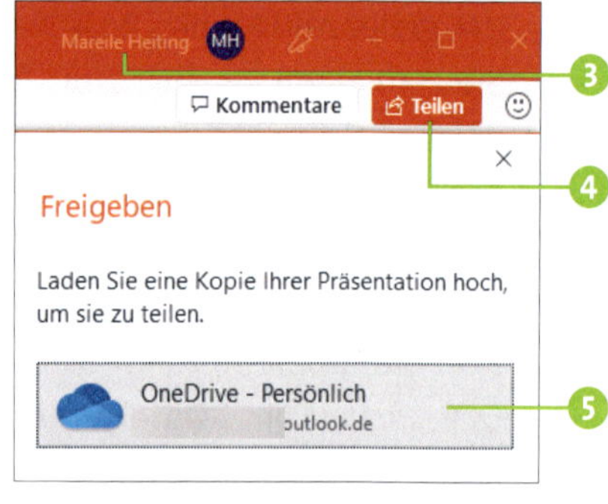

1. Öffnen Sie die Datei, die Sie gemeinsam mit Teammitgliedern bearbeiten möchten. Klicken Sie oben rechts auf das Symbol **Teilen** 4.
2. Im Dialog **Freigeben** wird Ihnen bereits **OneDrive** 5 angeboten. Ein Mausklick hierauf reicht, und die Datei wird in die Cloud geladen. Anschließend erscheint der Dialog **Link senden**. Welche Einstellungen Sie hier zum Freigeben der Datei vornehmen, erfahren Sie im folgenden Tipp.

Datei in OneDrive freigeben

Tipp 162

Auf alle Dateien, die Sie in OneDrive speichern – seien es Präsentationen, Dokumente, Arbeitsmappen, Bilder etc. –, haben zunächst nur Sie allein Zugriff. Um eine Datei mit anderen Personen bearbeiten zu können, müssen Sie sie explizit freigeben. Hierzu teilen Sie ihnen die Adresse in Form eines Links mit, über den die Datei aufgerufen werden kann. Dies erfolgt über den Dialog **Link senden**. Sollten Sie die Präsentation gerade erst in die Cloud geladen haben, ist dieser Dialog in PowerPoint 365 bereits geöffnet, wie im vorherigen Tipp gezeigt. Andernfalls blenden Sie ihn per Klick auf **Teilen** ein. Dann geht es folgendermaßen weiter:

1. Per Standardeinstellung kann jede Person, die im Besitz des Links ist, die Präsentation bearbeiten. Wenn Sie möchten, können Sie den Zugriff auf die Datei aber auch per Kennwort schützen und zeitlich einschränken. Klicken Sie hierzu auf **Jeder mit dem Link kann bearbeiten** ①. Der Dialog **Linkeinstellungen** wird geöffnet.

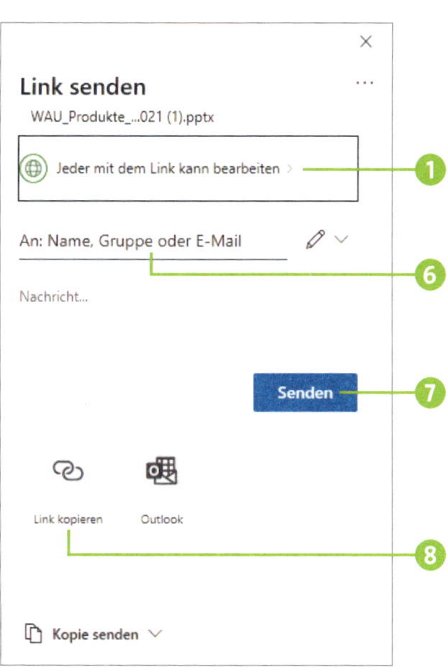

2. Damit die Datei nicht nur betrachtet, sondern auch bearbeitet werden kann, muss das Häkchen vor **Bearbeitung zulassen** ② gesetzt sein.

3. Falls der Zugriff auf die Datei zeitlich limitiert werden soll, klicken Sie in das Feld **Ablaufdatum**

festlegen ③. Markieren Sie im aufklappenden Kalender das gewünschte Datum, ab dem ein Zugriff nicht mehr möglich sein soll.

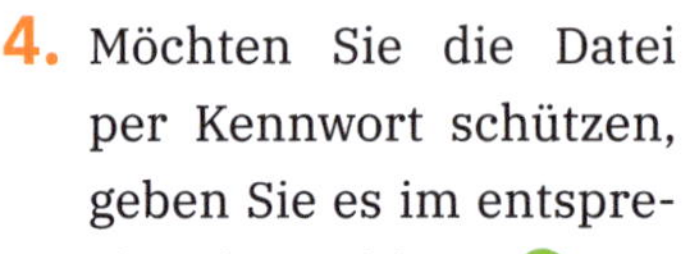

4. Möchten Sie die Datei per Kennwort schützen, geben Sie es im entsprechenden Feld ein ④. Vergessen Sie nicht, das Kennwort den Teammitgliedern mitzuteilen.
5. Mit einem Klick auf **Übernehmen** ⑤ gelangen Sie wieder zum Dialog **Link senden** zurück.
6. Klicken Sie auf **An Name, Gruppe oder E-Mail** ⑥, und tragen Sie die E-Mail-Adressen der Personen ein, denen Sie den Link zur Freigabe der Datei schicken möchten. Die einzelnen Adressen trennen Sie durch ein Semikolon (;) voneinander.
7. Wenn Sie möchten, können Sie noch eine Nachricht hinzufügen, bevor Sie den Link mit **Senden** ⑦ abschicken. Die jeweiligen Empfänger*innen erhalten nun eine E-Mail mit dem Hinweis, dass eine Datei für sie freigegeben wurde.
8. Möchten Sie den Teammitgliedern den Link auf andere Weise zukommen lassen, können Sie den Link zur freigegebenen Datei mit einem Klick auf **Link kopieren** ⑧ in die Zwischenablage kopieren. Mit der Tastenkombination `Strg` + `V` lässt er sich von dort z. B. in das Nachrichtenfenster Ihres E-Mail-Programms einfügen oder, falls Sie Microsoft Teams nutzen, in das Chatfenster mit der gewünschten Person.

Über den Browser auf die Dateien in OneDrive zugreifen

Wer nicht über Microsoft 365 verfügt oder von einem anderen Computer aus auf die in OneDrive abgelegten und freigegebenen Dateien zugreifen muss, kann dies auch über jeden beliebigen Browser erledigen. Rufen Sie in diesem Fall die Webadresse *www.onedrive.de* auf. Klicken Sie auf der Webseite oben rechts auf **Anmelden**, und melden Sie sich mit der E-Mail-Adresse und dem Kennwort Ihres Microsoft-Kontos an.

Freigegebene Datei öffnen

Tipp 163

Erhalten Sie eine E-Mail, in der Sie darüber informiert werden, dass eine PowerPoint-Präsentation für Sie freigegeben wurde, reicht ein Klick auf den in der E-Mail enthaltenen Link, um diese Datei zu öffnen.

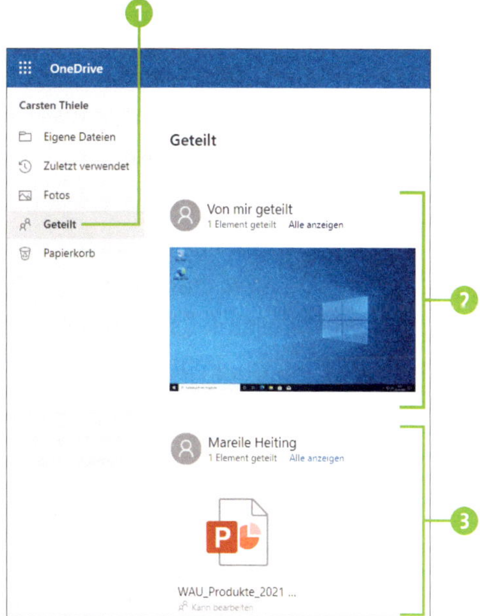

Alternativ hierzu können Sie auch über den Browser den Online-Speicher *OneDrive* aufrufen, wie im Kasten »Über den Browser auf die Dateien in OneDrive zugreifen« oben beschrieben. Klicken Sie dort links auf **Geteilt** 1. In der rechten Fensterhälfte werden nun alle Dateien aufgeführt, die Sie selbst freigegeben haben 2 und die für Sie freigegeben wurden 3. Ein Klick auf eine dieser Dateien reicht, und sie wird in der entsprechenden Web-App wie z.B. PowerPoint geöffnet.

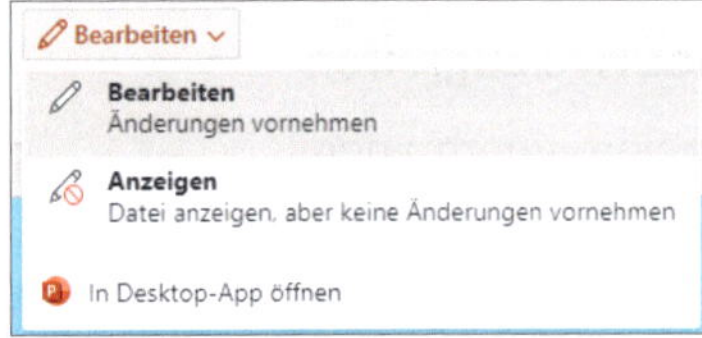

Verfügen Sie über Microsoft 365, können Sie die PowerPoint-Präsentation über die Schaltfläche **Bearbeiten ▸ In Desktop-App öffnen** (zu finden im Menüband) auch in Ihrer Desktop-App von PowerPoint 365 öffnen. Wer eine ältere PowerPoint-Version nutzt, sollte allerdings nicht zur Desktop-App wechseln, denn damit ist die gemeinsame Bearbeitung der Datei nicht mehr möglich. Stattdessen wird die Präsentation den anderen Personen als **Gesperrt** angezeigt. Verwenden Sie also eine ältere PowerPoint-Version, sollten Sie die Datei nur in der Online-Version von PowerPoint öffnen, falls Sie sie gleichzeitig mit anderen bearbeiten müssen.

Tipp 164

Tipps zur gemeinsamen Bearbeitung der Datei

Arbeiten Sie gleichzeitig mit Ihren Teammitgliedern an einer freigegebenen Datei, möchten Sie natürlich auch sehen, welche Änderungen die anderen Personen vornehmen. Damit dies möglich ist, muss das sog. *Automatische Speichern* aktiviert sein. Damit werden alle Aktualisierungen an der Datei sofort in OneDrive gesichert.

1. Um das automatische Speichern zu aktivieren, setzen Sie den gleichnamigen Regler in der Symbolleiste für den Schnellzugriff nach rechts, sodass ein Häkchen ❶ angezeigt wird.

2. Links von der **Teilen**-Schaltfläche werden die Profilbilder bzw. Initialen aller Personen eingeblendet, die in diesem Moment ebenfalls die Datei geöffnet haben ❷. Klicken Sie das Symbol an, wird unterhalb des Namens die Folie

angezeigt 3, die die Person gerade bearbeitet. Mit einem Klick auf **Zu Position wechseln** 4 gelangen Sie zu dieser Folie. In der Web-App führt Sie stattdessen ein Klick auf **Zu Speicherort wechseln** zur entsprechenden Folie.

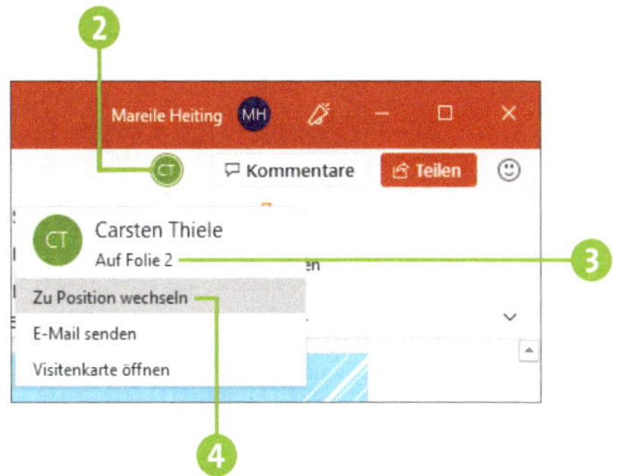

3. Jeder Person wird ein eigener Farbton zugeordnet, z.B. Grün, Rot etc. Auf der Folie selbst wird das Element, das die Person gerade markiert hat, in eben diesem Farbton umrahmt.

Aufgrund der Internetverbindung kann es ein paar Sekunden dauern, bis die Änderungen, die eine Person an einer Folie vorgenommen hat, bei den anderen Nutzer*innen angezeigt werden. PowerPoint übernimmt immer die letzte Änderung. Bei komplexen Aufgaben ist es deshalb ratsam, sich bei der Bearbeitung abzusprechen und Aufgaben eindeutig zu verteilen. So lassen sich Überschneidungen und damit womöglich verbundene Fehler verhindern.

Ältere Dateiversionen anzeigen und wiederherstellen

Wenn Sie Ihre Dateien in der Cloud *OneDrive* ablegen, speichert PowerPoint automatisch alle Änderungen an der Datei. Benötigen Sie eine ältere Dateiversion, rufen Sie **Datei ► Informationen** auf. Nach einem Klick auf **Versionsverlauf** wird am rechten Fensterrand die Spalte **Versionsverlauf** eingeblendet. Hier erfahren Sie, wann welche Person die Datei gespeichert hat. Mit einem Klick auf **Version öffnen** können Sie sich die entsprechende Dateiversion ansehen. Möchten Sie diese Version beibehalten, müssen Sie warten, bis alle anderen Nutzer*innen die Bearbeitung der Datei abgeschlossen haben. Klicken Sie dann auf **Wiederherstellen**, um die alte Version zu übernehmen.

Tipp 165 Gemeinsame Bearbeitung einer Datei beenden

Alle Arbeiten, die Sie gemeinsam mit einer anderen Person an einer Präsentation durchführen mussten, sind beendet? Sie möchten die Freigabe der Datei deshalb beenden? Diesen Schritt können Sie in OneDrive selbst durchführen.

1. Rufen Sie den Online-Speicher wie im Kasten »Über den Browser auf die Dateien in OneDrive zugreifen« auf Seite 233 beschrieben auf.

2. Markieren Sie in der linken Spalte die Kategorie **Geteilt**. Wählen Sie dann rechts die gewünschte Datei per Mausklick aus. Sie sollte anschließend mit einem Häkchen gekennzeichnet sein.

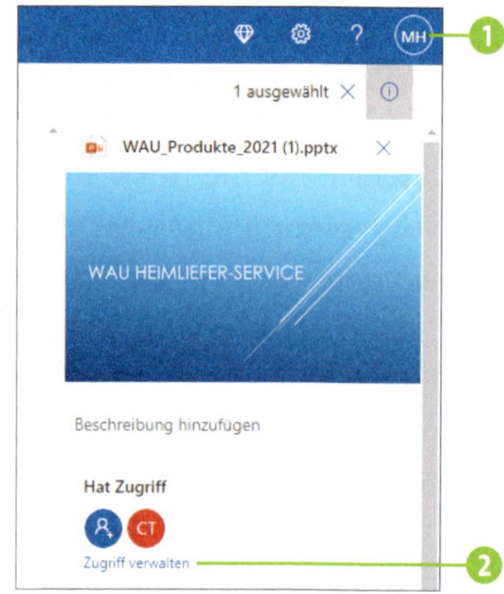

3. Klicken Sie nun in der rechten oberen Fensterecke auf das Symbol ⓘ. Sie finden es direkt unterhalb Ihres Profilbildes bzw. der Initialen 1.

4. In der aufklappenden Spalte werden nun die Profilbilder der Personen aufgeführt, für die Sie die Datei freigegeben haben. Klicken Sie auf **Zugriff verwalten** 2.

5. Klicken Sie nun unterhalb der Person, der Sie die Freigabe wieder entziehen möchten, auf **Kann bearbeiten**. Sie

können nun entscheiden, ob die Person die Datei weiterhin öffnen und ansehen darf 3 oder selbst das nicht mehr möglich sein soll 4.

6. Mit einem Klick auf das Kreuzsymbol 5 blenden Sie die Spalte **Zugriff verwalten** anschließend wieder aus.

Desktop oder Fenster in Microsoft Teams freigeben

Nicht immer ist es nötig, dass Sie Teammitgliedern gleich den gesamten Zugriff auf eine Datei gestatten. Manchmal reicht es auch schon aus, wenn sie nur einen Blick auf eine Excel-Tabelle oder eine PowerPoint-Präsentation werfen können. Solche Situationen ergeben sich z. B. häufiger während eines Chats oder einer Videokonferenz in Microsoft Teams. Für die Freigabe stehen Ihnen zwei Varianten zur Auswahl: So können Sie lediglich ein bestimmtes Programmfenster freigeben oder alternativ den gesamten Desktop. Um die Freigabe zu erteilen, klicken Sie im Teams-Programmfenster auf das Symbol **Inhalt freigeben**. In der aufklappenden Liste werden nun alle bereits geöffneten Programmfenster (z. B. Excel, PowerPoint oder auch Outlook) aufgeführt sowie der Desktop. Mit einem Mausklick wählen Sie die gewünschte Variante aus.

Entscheiden Sie sich für ein Fenster (z. B. eine geöffnete Excel-Datei), ist nur dieses für die Teammitglieder sichtbar, Ihr restlicher Bildschirm bleibt ihnen hingegen verborgen. Möchten Sie dem Team verschiedene Programmfenster zeigen, sollten Sie sich für den Desktop entscheiden. Bedenken Sie hier aber unbedingt, dass die anderen Personen damit tatsächlich alles zu Gesicht bekommen, was auf Ihrem Bildschirm zu sehen ist. Dies schließt auch Benachrichtigungen zu eingehenden E-Mails oder Chat-Nachrichten ein. Um eine Fenster- oder auch Desktopfreigabe wieder zu beenden, klicken Sie auf das Symbol **Freigabe beenden**.

Mit Shortcuts Mauskilometer einsparen

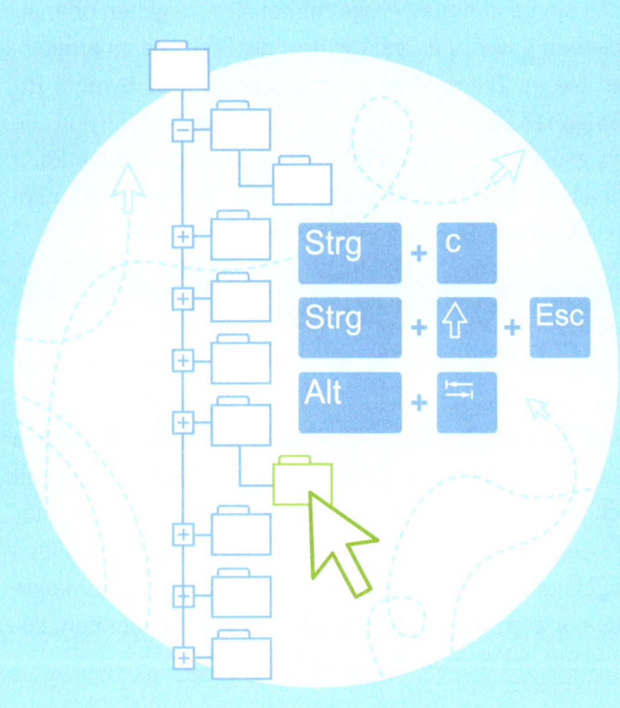

Die besten Tastenkombinationen für Windows und den Desktop

Mit den richtigen Tastenkombinationen lassen sich so manche Funktionen blitzschnell über die Tastatur aufrufen und durchführen – das schont u. a. auch die Hand, die sonst ständig einseitig die Maus bedient.

Die sog. *Shortcuts* gibt es nicht nur für Word, Excel und PowerPoint, sondern auch für die Bedienung von Windows sowie den Explorer. Probieren Sie es aus, und überzeugen Sie sich selbst. Los geht es mit nützlichen Shortcuts für Windows und den Desktop.

Shortcut	Wirkung
[Win]	Ruft das Startmenü auf.
[Win] + [D]	Zeigt den Desktop an; durch erneutes Drücken der Tastenkombination wird wieder das zuvor geöffnete Programmfenster eingeblendet.
[Win] + [M]	Minimiert alle geöffneten Programmfenster.
[Win] + [⇧] + [M]	Stellt alle minimierten Fenster wieder her.
[Win] + [A]	Öffnet unter Windows 10 das Info-Center.
[Win] + [I]	Öffnet unter Windows 10 die Windows-Einstellungen.
[Win] + [L]	Sperrt den Computer.
[Win] + [X]	Ruft unter Windows 10 das Schnellstartmenü auf.

Shortcut	Wirkung
Windows + →	Dockt ein Programmfenster am rechten Bildschirmrand an, sodass es genau die Hälfte des Bildschirms einnimmt.
Windows + ←	Dockt ein Programmfenster am linken Bildschirmrand an, sodass es genau die Hälfte des Bildschirms einnimmt.
Alt + Tab	Dient dem Wechsel zwischen geöffneten Programmfenstern.
Alt + F4	Beendet das aktuelle Programm.
Druck	Erzeugt einen Screenshot (also ein Abbild des Bildschirms) und kopiert diesen in die Zwischenablage.
Alt + Druck	Erzeugt einen Screenshot des aktuellen Programmfensters und kopiert diesen in die Zwischenablage.
Strg + V	Fügt den Inhalt der Zwischenablage (z. B. einen Screenshot) an einer anderen Stelle ein.
F1	Ruft das Hilfemenü des aktuell geöffneten Programms auf.

Tastenkombinationen für Windows und den Desktop

Zeit sparen mit Shortcuts für den (Windows-)Explorer

Mit den folgenden Tastenkombinationen gelingt das Verwalten von Dateien und Ordnern im Explorer besonders schnell:

Shortcut	Wirkung
[Windows] + [E]	Öffnet den Explorer.
[Strg] + [N]	Öffnet ein weiteres Programmfenster des Explorers.
[Alt] + [D]	Öffnet das Menü **Datei**.
[Strg] + [E]	Setzt den Cursor automatisch in das Suchfeld rechts oben.
[Alt] + [←]	Wechselt zu einem zuvor geöffneten Ordner.
[Alt] + [↑]	Führt in der Ordnerhierarchie eine Stufe nach oben.
[Strg] + [⇧] + [N]	Erzeugt einen neuen Ordner innerhalb des aktuellen Ordners.
[F2]	Aktiviert ein bereits markiertes Element zur Umbenennung.
[Strg] + Mausrad nach oben bzw. unten	Vergrößert bzw. verkleinert Symbole in der aktuellen Ansicht.
[Strg] + [A]	Markiert alle Elemente innerhalb eines zuvor ausgewählten Ordners.
[Strg] + [C]	Kopiert zuvor markierte Elemente.
[Strg] + [V]	Fügt die zuvor kopierten Elemente ein.
[Strg] + [X]	Schneidet zuvor markierte Elemente aus.

Tastenkombinationen für den Explorer

Pfiffige Tastenkombinationen für Word, Excel und PowerPoint

Die folgenden Shortcuts lassen sich in den Microsoft-Office-Programmen Word, Excel und PowerPoint gleichermaßen nutzen:

Shortcut	Wirkung
Strg + S	Datei speichern
F12	Dialog **Speichern unter** öffnen
Strg + O	Dialog **Öffnen** aufrufen
Strg + W	Datei schließen
Strg + P	Dialog **Drucken** öffnen
Strg + ⇧ + F	markierten Text fetten
Strg + ⇧ + K	markierten Text kursiv formatieren
Strg + ⇧ + U	markierten Text unterstreichen
Strg + Z	letzte Aktion rückgängig machen
F4	letzte Aktion wiederholen
F7	Rechtschreibprüfung starten

Tastenkombinationen für Word, Excel und PowerPoint

Mit diesen Tastenkombinationen können Sie in **Word** blitzschnell einzelne Wörter oder auch Absätze formatieren:

Shortcut	Wirkung
Strg + E	markierten Absatz zentriert ausrichten
Strg + B	markierten Absatz als Blocksatz ausrichten

Shortcut	Wirkung
Strg + R	markierten Absatz rechtsbündig ausrichten
Strg + 5	1½-fachen Zeilenabstand einstellen
Strg + 2	doppelten Zeilenabstand einstellen
Strg + D	Dialog **Schriftart** aufrufen
Strg + 9	Schriftgrad um einen Punkt vergrößern
Strg + 8	Schriftgrad um einen Punkt verkleinern
Strg + +	markierten Text hochstellen
Strg + #	markierten Text tiefstellen
Strg + ⇧ + G	markierte Buchstaben in Großbuchstaben formatieren
Strg + ⇧ + Q	markierte Buchstaben in Kapitälchen formatieren

Tastenkombinationen für Word

Für **Excel** stehen ein paar ganz spezielle Tastenkombinationen zur Verfügung, die etliche Mausklicks sparen:

Shortcut	Wirkung
⇧ + F11	ein neues Tabellenblatt einfügen
⇧ + Leertaste	Gesamte Zeile markieren; Vorsicht: Sind verbundene Zellen enthalten, werden entsprechend zusätzliche Zeilen markiert.
Strg + Leertaste	Gesamte Spalte markieren; Vorsicht: Sind verbundene Zellen enthalten, werden entsprechend zusätzliche Spalten markiert.
Alt + ↵	Zeilenumbruch innerhalb einer Zelle einfügen

Shortcut	Wirkung
Strg + 1	Dialog **Zellen formatieren** öffnen
Strg + .	Datum einfügen
Strg + ⇧ + .	Uhrzeit einfügen
Strg + ⇧ + $	Format **Währung** auf markierte Zelle(n) anwenden
F11	Diagramm aus den markierten Daten erzeugen und in eigenem Tabellenblatt einfügen

Tastenkombinationen für Excel

Dank Shortcuts noch schneller Funktionen in Outlook ausführen

Auch für das E-Mail-Programm **Outlook** stehen nützliche Tastenkombinationen zur Auswahl:

Shortcut	Wirkung
Strg + 1	zur Ansicht **E-Mail** wechseln
Strg + 2	zur Ansicht **Kalender** wechseln
Strg + 3	zur Ansicht **Kontakte** wechseln
Strg + 4	zur Ansicht **Aufgaben** wechseln
Strg + 5	zur Ansicht **Notizen** wechseln
Strg + ⇧ + M	eine neue Nachricht erstellen
Strg + ⇧ + A	einen neuen Termin erstellen
Strg + ⇧ + C	einen neuen Kontakt erstellen

Shortcut	Wirkung
Strg + ⇧ + N	eine neue Notiz erstellen
Strg + Alt + T	eine neue Aufgabe erstellen
Strg + P	Dialog **Drucken** öffnen
Alt + S	eine Nachricht (E-Mail) senden
Strg + R	eine Nachricht beantworten
Strg + F	eine Nachricht weiterleiten

Tastenkombinationen für Outlook

Stichwortverzeichnis

D

E

F

G

I

K

L

M

N

O

P

Q

R

S

T

U

V

W

Z